U0161771

本书获河北省社会科学基金项目（HB22YJ073）资助出版
本书获河北大学共同富裕研究中心资助出版

Investment Preference, Regional
DEVELOPMENT
and Family Wealth Gap
Empirical Analysis Based on Urban Household Data

投资偏好、区域发展 与家庭财富差距
——基于城镇家庭数据的实证分析

宋宝琳　◇著

中国财经出版传媒集团
经济科学出版社
Economic Science Press

前　言

　　改革开放以来，中国经济飞速增长，经济总量得到大幅度提升。但是，在经济总量大幅提升的同时，不平衡不充分的发展问题也日益突出。主要有两个方面的问题引发了广泛关注：一是居民家庭间的收入差距和财富差距日趋悬殊；二是区域间经济发展不平衡问题仍未得到有效缓解。本书以此为研究背景，以城镇居民家庭财富为研究对象，系统分析了城镇家庭财富水平和差距的现状、发展趋势及成因等问题，并且特别考察了部分样本家庭的投资偏好和其所在区域的发展情况，以及城镇家庭财富水平与差距的影响。

　　本书在测算城镇家庭财富水平的基础上对其特征进行分析，厘清了不同类型资产在城镇家庭财富中的结构与特点。同时，分析了风险性金融资产投资和房地产投资对城镇家庭财富的影响，以及在不同区域和不同户主年龄之间存在的影响异质性问题。考虑影响城镇家庭财富的因素可能跟宏观层面的区域发展变量有关，所以本书在整合微观数据和宏观数据的基础上，采用多层线性模型，继续分析了影响城镇家庭财富水平及差距的区域变量因素。基于上述研究思路，本书以城镇家庭财富水平和差距为研究主线，对前人的研究成果和相关文献，从家庭财富构成与财富差距、财富效应、投资偏好对家庭财富的影响以及区域发展对家庭财富的影响等四个方面进行了论述，并对研究的理论基础进行了梳理。在此基础上，本书从以下四个方面进行了详尽研究。

一是考察了城镇家庭财富水平与特征。通过归拢各种微观调查数据集，首先选出适合表述城镇家庭财富水平的数据库，然后根据城镇家庭财富的定义，探究了城镇家庭财富的水平及分布特征，并且从区域异质性和户主年龄异质性方面展开了描述性统计分析。在此基础上，对城镇家庭财富的差距及其变化趋势进行了考察，并得出相关结论，继而为后续章节更深入的研究提供数据支撑和逻辑起点。另外，还简要分析了家庭非投资性收入与城镇家庭财富的关系，以及非投资性收入差距与家庭财富差距的关系。

二是研究了金融资产投资对城镇家庭财富的影响。基于之前的描述性统计分析，主要进行了四个方面的探讨：第一，鉴于金融资产投资对城镇家庭财富的影响可能存在一定的结构性问题，首先运用分位数回归的实证方法，研究了风险性金融资产投资对城镇家庭财富的影响。第二，基于分位数回归的方法，研究了风险性金融资产投资对城镇家庭金融资产的影响。第三，鉴于风险性金融资产投资对城镇家庭财富的影响可能与投资者的金融素养有关，进一步将投资者的金融素养考虑进来，运用中介效应检验的方法，验证了金融素养通过影响风险性金融资产投资，进而影响城镇家庭财富水平的中介传导机制。第四，进一步按不同区域与不同户主年龄对城镇家庭进行细分，对不同类型的风险性金融资产投资与城镇家庭财富的关系做了进一步探讨，并运用 Oaxaca-Blinder 分解的方法，对财富差距产生的原因进行分解。

三是研究了房地产投资对城镇家庭财富的影响问题。第一，在构造实验组与对照组的数据基础上，运用倾向得分匹配方法，计算平均处理效应，分析了家庭房地产投资对城镇家庭财富的影响。第二，进一步按不同区域和不同户主年龄对城镇家庭进行细分，分别考察了房地产投资对城镇家庭财富影响的区域异质性和户主年龄异质性。同时，为探求异质性的根源，再次运用无条件分位数回归和 Oaxaca-Blinder 分解，将产生差异的原因进行因素分解。

四是研究了区域发展对城镇家庭财富的影响问题。前面的分析，主要是基于微观层面的研究，分析了风险性金融资产投资、房地产投资对城镇家庭财富的影响情况。但是，正如本书关于传导机制分析所指出的那样，现阶段可能对我国城镇家庭的财富水平产生重要影响的因素，除了各个城镇家庭对风险性金融资产或房地产等的投资偏好之外，城镇家庭所在区域的经济发展也可能是一个重要的影响因素。若果真如此，那么上述微观层面的研究可能存在遗漏变量偏差，即遗漏了宏观区域层面变量对城镇家庭财富的影响。鉴于此，本书继续探究了影响城镇家庭财富的宏观区域因素。因为涉及微观和宏观两个层面的实证数据，所以本书构建了多层线性模型，对城镇家庭财富水平和差距做进一步剖析。

通过上述分析，本书得出以下结论：第一，在中国城镇家庭财富的组成及变化中，属于风险性金融资产的股票基金类资产和属于非金融资产的房地产对财富水平的波动具有较大的影响。同时研究表明，家庭非投资性收入对城镇家庭财富积累具有显著的积极效应，家庭非投资性收入差距也是导致城镇家庭财富差距的原因之一。第二，风险性金融资产投资既能够增加城镇家庭金融资产，又能够增加城镇家庭财富。同时，城镇家庭的金融素养也能够提升家庭金融资产水平和推动家庭财富积累。在风险性金融资产投资对财富的影响异质性研究中，不同区域的家庭之间确实存在着财富差异。经过分解发现，产生这种差异的因素一共有两个，分别是家庭特征属性与区域金融发展属性。但是在分解模型中，风险性金融资产投资的回归系数为负，说明其能够缩小不同区域城镇家庭财富差距。在户主年龄异质性的研究中，不同户主年龄的家庭之间也存在着财富差异。分解之后发现，这些差异一部分是由家庭特征引起的，另外一部分是由金融财富积累时间引起的。风险性金融资产投资对不同户主年龄的城镇家庭财富差距影响并不一致。但是研究也发现，实验数据越靠近基准组，金融财富积累时间歧视越小。第三，本书在房地产投资对城镇家庭财富的影响研究中，将影响划分为两层含义，分别是绝对影响和相对影响。绝对影响指的是房地产投资对城镇家庭财富的整体水平影响情况。相对影响指的是房地产投资在不同区域之间和不同户主年龄之间的差异影响。在绝对影响的研究中，本书运用倾向得分匹配的思想，通过各种匹配方法得出平均处理效应在 1.20 左右。这说明房地产投资对城镇家庭财富水平的影响为正，房地产投资可以增加城镇家庭财富水平。从相对影响的研究结果来看，不论是从区域角度还是从户主年龄角度，房地产投资都扩大了城镇家庭财富差距。第四，本书构建了微观家庭层面与宏观区域层面的数据集，考虑遗漏的宏观区域变量对城镇家庭财富的影响，对新组建的数据集进行多层线性模型分析。分析得出如下研究结论：风险性金融资产投资与房地产投资都能够有效提升城镇家庭财富水平，房地产投资的边际财富倾向更加明显。就家庭层面而言，教育边际财富倾向小于收入边际财富倾向，即户主的受教育年限对城镇家庭财富具有积极作用，但是这种积极作用较弱；家庭收入能够有效提升城镇家庭财富水平，其作用较强。在宏观层面的分析中，用经济发展水平、税收负担情况、区域间地域关联性和财政支出等变量进行分析，结果显示不同的解释变量对城镇家庭财富水平的影响不同。主要结论有：从经济发展角度看，其在一定程度上对家庭财富积累有积极影响；从税收收入角度看，税收缩减了城镇家庭的财富水平；从区域间地域关联性看，区域间地域关联性虽然能够使财富增加，但是影响幅度较小；从财政支出规模看，财政支出水平同样能够使家庭财富水平增加，但也存在影响微弱的情况。在考虑区域异质性和户主年龄异质性的前提下，宏观区域变量仅对高财富家庭省份家庭有作用，对中、低财富家庭省份家庭的影响系数不显著。在依据不同户主年龄划分的样本数据实证中，户主年龄越高的家庭群组，风险性金融资产投资的边际财富倾向值要比低年龄家庭群组大；同时，户主年龄越高的家庭群组，收入边际财富倾向值也显著大于低年龄家庭组。

基于上述研究结论，本书以加快城镇家庭财富积累，缩小城镇家庭财富差距为目标，分别提出了城镇家庭在以后的投资中，应扩大风险性金融资产投资，但需注意防范风险；加快提升家庭成员的金融素养水平；适度扩大房地产投资，进一步完善保障性住房；同时，政府应该加快经济发展促进居民增收、加快提升区域间地域关联性水平以及优化财政支出结构等步伐。这一研究成果为研究中国城镇家庭财富水平积累和减小财富水平差距提供了经验证据与支撑。

目 录

第一章

绪　论

第一节 研究背景、目的及意义

改革开放之前，中国效仿苏联的发展模式与相关机制，在经济领域实行计划经济。在计划经济条件下，居民的医疗、教育等都是定额匹配。生产力发展水平偏低，经济整体发展水平落后，居民收入来源十分有限，温饱问题长期困扰中国人民。那段时期，中国城镇家庭根本无法实现财富的有效积累。

改革开放之后，中国经济总量不断增加，经济质量不断提升。2010年，中国经济总量超过日本，位列世界第二。2013 年，中国经济总量已经达到日本的 2 倍。随着经济总量的不断增加，中国在科学技术的某些领域也跻身国际领先水平，如中国高速铁路、5G 等新兴技术。这些数据表明，中国已经成为名副其实的经济大国。从人均水平看，2021 年城镇居民人均可支配收入为 47412 元，比 2012 年增长 96.5%，比 2000 年增长 7.55 倍。这也说明，城镇居民人均可支配收入正在逐年递增。家庭作为最小的微观经济单位，在分享经济增长红利的同时，家庭的工资性收入水平也在普遍提高，居民收入的来源渠道更在不断拓宽。家庭经营净收入、财产性收入逐渐成为可支配收入的重要来源。但是，因为城镇家庭的生产要素水平不均，在打破传统的"大锅饭"体制、分配制度逐步过渡到按劳分配和按生产要素分配并重的过程中，家庭之间的收入差距也在随之扩大。不仅如此，随着家庭可支配收入的增加，在满足基本的消费需求之后，家庭收入开始出现结余，使家庭积累财富成为可能。高收入家庭的结余收入可能更多，其财富的积累也更快，久而久之，人们发现家庭与家庭之间不仅存在着明显的收入差距，而且家庭之间的财富差距也越来越悬殊。正是在这一背景下，可以说有关家庭之间的财富差距，特别是城镇家庭之间的财富差距开始受到人们的广泛关注。但是，深入分析城镇家庭财富差距的成因，我们会发现收入水平的提高和收入差距的日积月累仅仅是原因之一，影响城镇家庭财富差距的因素有很多。归纳起来，主要的影响因素有三类：一是家庭工薪收入存在显著差异。这在前面已初步提到。由于家庭财富是家庭收入积累的产物，所以家庭的工薪收入差异是形成城镇家庭财富差距的首要因素。当然，家庭转移性收入也可能会造成这种财富差异，但是其影响力水平远不及家庭工薪收入差异。二是家庭资产的投资性收益差异。家庭持有资产的投资偏好带来的投资损益不同，也会影响其家庭财富的差距水平。投资风险性较高的资产，往往回报率也较高。三是区域发展存在差异情况。由于家庭所处的区域资源禀赋不同，发展条件不同，能够给家庭收入创造的增收条件也不尽相同；各地区的经济发展速度有快有慢，不同区域的家庭从经济发展中所分享到的红利可能存在显著的差异。所以，区域发展也有可能成为造成城镇家庭财富差距的重要因素。但在上述影响因素中，具体哪方面因素的影响更为突出、对缓解家庭之间悬殊的财富差距和区域发展不平衡的问题有何政策启示，仍有待深入的实证研究。

基于以上分析，本书拟以具有代表性的中国城镇家庭财富为研究对象，深入分析其财富及其差距的成因。其中，着重分析家庭持有资产的投资偏好选择对城镇家庭财富产生了怎样的影响。同时，结合区域经济发展不平衡的现实，从宏观层面探讨城镇家庭的财富是否受到宏观因素的影响。以期得出更为丰富的研究结论，既为缩小中国城镇家庭财富差距提供具有针对性的对策及建议，也为解决区域经济发展不平衡提供一点新的思考。

　　财富差距问题由来已久，该问题也成为经济学研究的重要问题之一。对于财富差距的衡量指标，有人均真实发展指数、泰尔指数以及购买力平价等，其中应用最广泛的就是基尼系数。根据中国官方统计数据，2019 年，中国居民收入的基尼系数为 0.465，仍处于高位。而有关学者的研究表明，长期以来我国家庭之间的财富差距依旧悬殊。鉴于此，党的十九大报告中提出，我国目前阶段的主要矛盾是人民日益增长的美好生活需要和不平衡不充分的发展之间的矛盾。因此，本书研究城镇家庭财富之间的差距问题，从宏观上看，可以为缓解两极分化，破解经济发展过程中的不平衡不充分问题提供经验证据；从微观上看，可以平衡家庭间的财富差距，使家庭成员的幸福感增加，也易于缓解家庭内外部的矛盾。

　　当前，中国经济经过飞速增长，经济总量得到大幅度提升。但是，在总量提升的同时，潜在的经济问题也比较突出。本书的选题，也可以为这些潜在经济问题的研究提供新的证据或思路。首先，从经济层面看，经济增长需要"三驾马车"来完成，分别是消费、投资与出口。其中扩大内需、增加居民家庭的财富水平是重要保障。研究成果可以为提升居民家庭的财富水平提供新的建议。其次，研究家庭财富差距，消除两极分化，构建"橄榄球"型的财富结构模式，将更有利于中国跨过"中等收入陷阱"。再次，家庭财富水平的提升和财富差距的缩小是政府责任，也是社会主义道路的必然要求。本书的研究成果可以为政府破解财富差距难题提供新的思路。最后，从学术层面看，本书对城镇家庭财富差距的研究将从自有资产投资偏好角度出发，将微观的家庭调查数据和宏观的区域层面数据相结合，对家庭财富差距的成因展开深入分析，这一研究范式可以为此类问题的研究提供一点新的范式思考。

第二节 文献综述

一、家庭财富构成与财富差距的研究

随着学者们对家庭财富的关注程度不断上升，家庭财富构成与差距方面的相关研究也成为研究热点。关于家庭财富构成与差距的参考文献，讨论的焦点主要在以下三个方面。

首先是关于家庭财富构成的分歧，分歧的重点在于统计口径不一致。具体而言，家庭财富、家庭资产、家庭收入之间界限模糊。部分学者认为家庭财富应该是家庭净资产。孙元欣等（2008）在研究美国家庭财富的时候，认为家庭财富应该是净资产，是家庭总资产与负债的差值。蔡诚等（2018）在分析家庭财富不平等问题时，也认为家庭财富应为家庭净资产，并测算了家庭净资产中的财富基尼系数，进而得出中国家庭财富水平存在较大的差距。但是，与以上研究视角不同，部分专家认为家庭财富不应该包括家庭负债，而应为家庭总资产。谭浩等（2017）在研究通货膨胀对家庭财富的影响时，将家庭总资产作为家庭财富水平，考虑了家庭收入水平和资产持有情况，而未考虑家庭负债的因素。同样是研究通货膨胀与家庭财富之间的关系，徐向东（2012）则是将家庭财富按照流动性进行划分，进而探究具有不同流动性特点的家庭财富与通货膨胀之间的关系，其测算的家庭财富也未包含家庭负债的概念。家庭财富是否包含家庭负债以及如何划分成为争议问题。刘阳阳等（2017）采用微观数据集进行分析时，把家庭财富与家庭收入的概念相互混淆，粗略地认为家庭收入与家庭财富相同。郝云飞（2017）认为家庭财富的测算应该是家庭财富中的资产可用于消费的部分。依据他的观点，住房资产并不包含在现有的家庭财富中，因为即便价格上涨也不会出售掉住房来参与消费。总之，到目前为止，学术界还未形成家庭财富存量的计算准则。

其次，在家庭财富水平的研究中，专家的切入点与着眼点不同。在姚俭建（2005）的研究中，他认为财富是一个动态和静态都具备的过程。他探讨了家庭财富的社会学问题，提出财富是实物资产的总和。同时，知识经济时代，虚拟财富也应该包含在家庭财富的核算范围内。在家庭财富的基础上，延伸增加了虚拟财富的研究视角。张国华（2011）主要探讨的是我国城市家庭财富积累的方式。他认为，家庭财富主要是由货币、实物和财产权利构成，家庭财富的积累就是货币、实物和财产权利的积累。他的研究亮点在于，其将财产权利纳入家庭财富中，关于财产权利的定义及分析颇具见解。王飞和王天夫（2014）通过对权力关系与交换模式进行分析，进而研究得出家庭财富的积累过程改变了原有的代际关系，同时改变了原有的养老模式。管政豪等（2018）从异质性消费视角分析了家庭财富格局的变化与居民消费的关系。综上可以看出，由于研究的目的不同，专家的着眼点不同，探讨问题的思路也不相同。

最后，对于家庭财富差距的研究更多地聚焦在家庭财富差距与家庭收入差距的区别以及剖析导致这种差距产生的原因等方面。林芳等（2014）在城乡居民财富持有不均等的研究中，认为收入分配和财富分配不同，即收入并不等同于财富。家庭财富是一个时间存量指标，而家庭收入则为时间流量指标。由于不好区分家庭成员对家庭财富的贡献，所以财富应以家庭为计量单位，并且是家庭资产的存量。与林芳（2014）的研究相比，闫晴等（2018）、周洋等（2018）、阮敬和刘雅楠（2019）等也研究了同样的问题，他们认为的家庭财富差距统计口径有所不同。除此之外还有奥卢图米塞（Olutumise，2020）、巴斯蒂安（Bastian，2020）、恩里科（Enrico，2020）。为了避免统计口径的干扰，部分学者规避数据测算，从定性研究的角度探讨家庭财富问题。例如，杨灿明等（2016）在研究我国财富分配差距时，认为造成这种差距的原因是多样的，有收入因素、住房因素、金融资产因素等。其研究缺点就是并未给出实证检验，只是侧重于理论分析。对财富差距产生的原因探讨方面，何玉长等（2016）在研究居民财富时，着重研究了家庭的财富差距产生的原因。他们认为，财富具有集中趋势性，这种集中趋势源自于收入差距，进而财富趋势集中又导致了财富差距。随后，他又从居民财富不平等发展视角，计算了不同类型居民财富的基尼系数。约瑟夫（Joseph，2017）也通过计算基尼系数发现了差距问题。蔡诚等（2018）从遗产税的角度讨论了其对财富分布的影响。这方面的研究还有张熠等（2015）。可以看出，在家庭财富构成及家庭财富差距的成因研究方面，还有诸多不足之处，众多学者也并未达成一致的意见。

二、财富效应的研究

财富效应的研究主要集中在三个方面，分别是金融资产的财富效应、非金融资产的财富效应以及两者的对比研究。这里要说明的是，影响财富效应最重要的因素还是收入水平（Gabe，2020）。在金融资产的财富效应研究中，更多的是关注股价波动、股市变化与企业组织结构变化。有专家学者认为，股价波动会影响到居民消费，这种影响居民消费的外在因素被称为财富效应。持有这种观点的学者有刘建江（2006）、唐绍祥等（2008）、薛永刚（2012）、王晓芳等（2014）。

当然，研究金融资产的财富效应问题，不仅涉及股票市场的变化，同时也会涉及上市公司本身的机构变革问题。公司内部的股权、并购方式也会对公司本身产生一定的财富效应。这里的财富效应一般指的是股票年度回报率，可以理解为一种收益。例如，韩忠雪等（2013）通过对并购、股权分割进行分析，从而探求其对公司的财富效应影响。胡杰武和韩丽（2016）则是通过研究跨国公司并购业务，发现其中的财富效应影响。蒋运冰和苏亮瑜（2016）则是通过研究员工持股激励问题，探究股东持股的财富效应。类似的研究结论阿萨德（Asad）在2020年也曾论证过。

在非金融资产的财富效应问题研究中，学者们尤其关注了房地产价值变动的财富效应。研究显示，房产价值变动在一定程度上会影响居民的消费水平，在不同家庭之间，影响程度又具有异质性。家庭财富水平本来较低的家庭，按揭购房之后，虽然家庭资产中的房产价值增加，但是负债水平也会同时上升，继而挤占了消费支出，如陈峰等（2013）、张浩等（2017）的研究。房产价值变动可细分为两种情况：第一种是同一区域内房产价值的变动；第二种是不同区域间房产价值变动幅度不同，即房地产价值变动存在区域的异质性。这种区域异质性也同样会影响居民消费水平，如李成武（2010）、安勇和王拉娣（2016）、余华义等（2017）的研究。

在金融资产与非金融资产的财富效应的对比研究中，研究学者倾向于比较金融资产与住房不动产之间的财富效应。通过对比分析，探究得出金融资产与住房不动产财富效应之间强弱的问题。由于研究对象和研究数据的不同，得出的结果略有差异。骆祚炎（2007）、鞠方等（2009）认为住房的财富效应较大，而刘也等（2016）认为住房的财富效应较小。从资产价值变动的角度看，周晓蓉等（2014）从微宏观、国内外两个角度分析了资产变动的财富效应影响，并给出了相应的理论分析。冯涛等（2010）、宋明月等（2016）通过研究则认为资产变动对于财富效应影响较小。因此，从财富效应的分析视角可以看出，在金融资产与非金融资产尤其是房屋不动产的财富效应研究中，研究学者似乎并没有得出统一的结论。或者说，金融资产与房屋不动产的财富效应依旧是一个具有争议性的话题。

三、投资偏好对家庭财富的影响研究

（一）金融资产投资对家庭财富的影响

改革开放之后，中国家庭收入不断增加，居民家庭财富实现初步积累。物价上升、通货膨胀使经济增长的消极面也展露出来。尤其是 21 世纪以来，中国物价的通货膨胀水平增高，为了避免初始财富积累不被通货膨胀吞噬，越来越多的家庭选择资产投资，以期获得资产投资收益。同时，家庭消费水平的不断增加、信贷消费模式的不断推出，加之国民物质文化需要的不断提升，以家庭为单位的微小集体急于寻找新的增收方式。正是由于这些需求的存在，使得家庭财富积累越发重要。当家庭已经拥有初始财富时，为了实现资产保值与增值，更多家庭会倾向于选择金融资产投资的途径。金融资产投资的途径也较为丰富，如固定存款，到期之后收获本息收入；保本理财产品，到期之后收获本金和理财收益。这些投资方式的优点是方便易办理、收益稳定持续，缺点是收益率较低。所以，有的家庭并不满足于低收益率，他们期望找到一种具有较高收益，并且可以根据自己的风险类型进行投资的产品。于是，金融资产投资中的股票、基金市场成为新的投资标的。

追溯历史，1986 年 9 月，中国工商银行、上海市信托投资公司静安营业部开始挂牌交易"飞乐音响"和"延中实业"的股票，确立了中国资本市场的开端。1989 年初，中国诞生了第一个股票指数——静安股票指数。1991 年，上海证券交易所以静安股票指数为样本，正式发布上证指数。同年，深圳证券交易所也发布了深圳证券综合指数。经过 30 多年的发展，中国股市逐渐走向成熟，吸纳了诸多家庭参与到股市中。股市投资收益率较高，高收益率使得家庭看到了新的增收路径。从这个角度看，在金融资产投资选择中，股票、基金投资成为家庭财富积累的重要来源之一。因此，研究家庭从事股票、基金类资产投资，似乎更能够深挖到家庭财富积累的原因。

当然，也有学者从家庭金融资产角度出发，分析金融资产配置对财富的影响。例如，徐佳和谭娅（2016）通过分析中国家庭金融资产的配置情况，发现了家庭财富和金融资产配置的关系，阐释了不同财富水平状态下的家庭参与股市的情况。石磊（2017）对家庭金融资产的选择做了优化分析，分别从微观和宏观两个层面解释家庭金融资产选择行为，并提出相关建议。路晓蒙和甘犁（2019）也探究了金融资产与家庭财富管理的问题。他们的研究都发现持有金融资产与家庭财富密切相关。当然，谈及家庭金融资产配置，就必须要考虑金融资产的风险因素。金融风险规避是家庭参与资产选择的重要考量因素。王刚贞和左腾飞（2015）、李波（2015）、窦婷婷和杨立社（2015）、刘德林（2016）、张琳琬和吴卫星（2016）、王渊等（2016）、张敏学（2017）、吴远远和李婧（2019）等在研究时，都关注了风险水平与金融资产配置的问题。王晟和蔡明超（2011）通过测定家庭的风险厌恶系数，进而对中国居民的投资行为进行分析。除此之外，还有学者从宏观角度继续探究风险对金融资产的影响（Vu，2021）。风险因素在金融资产领域的研究颇为重要。除了风险问题之外，居民的特征属性也被列入研究范畴。从某种程度上讲，居民特征属性是家庭所特有的可控变量，不同的居民特征对于资产选择与配置的认知具有异质性。因此，这些异质性因素成为研究新的出发点。例如，居民的金融素养、金融知识、市场参与程度等，均成为家庭金融资产选择的影响因素。史代敏和宋艳（2005）、张志伟和李天德（2013）、孟亦佳（2014）、吴卫星和李雅君（2016）、李晓艳（2017）、肖忠意等（2018）、魏昭等（2018）、张礼乐（2018）、胡振（2018）等，这些专家通过研究不同的居民特质，进而发现居民特质对家庭资产配置的影响。从已有的研究文献中可以看出，风险性、居民特征是研究金融资产影响家庭财富的重要影响变量。当前研究的不足在于，对居民特有属性以何种途径影响家庭财富缺乏必要的验证，并且对这种影响的传导机制缺乏必要的分析。

（二）房地产投资对家庭财富的影响

投资金融资产能够获得投资收益，同样，投资非金融资产也能够获得投资收益，继而提升家庭财富水平。非金融资产投资通常会受到资产折旧因素的影响，所以在投资的过程中，既要考虑通货膨胀因素带来的资产贬值，又要考虑投资非金融资产的折旧损失。根据历史经验，非金融资产投资主要涉及四种类型——经营性资产投资、车辆投资、古玩字画投资以及房地产投资。投资经营性资产可以获得经营收入，但却面临高风险的投资失败的概率。投资车辆资产可能会使得家庭资产面临较大的折旧损失。倘若投资古玩字画等艺术品，由于一般家庭不具备鉴别真伪的能力，加之资产价值损益波动巨大等因素，也使得其在家庭投资标的选择上十分谨慎。综上，似乎投资房地产市场已成为非金融资产投资标的的最佳选择。

1998 年之前，我国的房地产主要依靠政府计划，所有的住房都讲究"定额匹配"。因此，当时的中国家庭住房完全靠政府分配。在此期间，政府按照职工是否结婚、职位高低、工龄长短等因素确定分房的时间和面积。1998 年，发布了《国务院关于进一步深化城镇住房制度改革 加快住房建设的通知》，决定自当年起停止住房实物分配，建立住房分配货币化、住房供给商品化的制度。计划经济时代的福利分房制度至此终结，房产实现了商品化交易。但是，房地产市场真正繁荣是在消费信贷的推出、住房公积金制度的建立之后。消费信贷是典型的金融创新产品，在这种金融产品推出之前，个人和银行之间仅存在单向的债务关系。银行通过融资向消费者借款，同时银行支付给消费者借款利息，作为使用借款货币的补偿费用。消费信贷的推出将原有的特定关系做出了调整，首先，它改变了消费者与银行之间的单向债务关系，消费者和银行之间可以进行债务债权关系转移。在消费者储蓄的过程中，消费者为债权人，银行为债务人；当消费者通过信贷消费时，消费者为债务人，银行为债权人。其次，消费信贷的推出改变了消费者的消费习惯。这种方式，刺激了消费者的消费欲望，增加了消费者消费的可能性空间。但是，消费信贷也存在一定的弊端和风险，虽然可以超前消费，且当期不用还款，但是在滞后的下一时期家庭还是要承担还款压力。住房公积金制度的建立也为居民家庭购买房产提供了新的保障。住房公积金制度是一种新型的社会保险制度。自 1998 年政府暂停了实物住房的分配政策，为了确保商品房顺利交易，政府逐步推进和完善了住房公积金制度。住房公积金指的是企事业单位和员工一同缴纳的长期储存的资金，可用于支付员工家庭购买、自建、翻修住房等与房屋活动相关的费用。住房公积金可以进行住房贷款，其凭借较低的贷款利率和总贷款金额空间，使城镇家庭在购买房产时降低了资金使用的机会成本。目前，房产作为消费和投资属性并存的商品，成为家庭投资和规避通胀的重要选择。根据银行的相关信贷政策，家庭在购买住房时可以进行信贷消费，贷款的期限可以延长至 30 年。较长的还款周期降低了单期还款额度，进而缓解了大部分家庭的还款压力。

21 世纪以来，房地产市场迅速火热起来，房地产行业的发展受到资金的偏好，房地产市场价值飞快增值。正如孙盛林（2019）、格雷戈里（Gregory，2020）的论证，家庭持有房产的数量以及房产所在区位的优劣程度，都决定了房产的市场价值的高低，从而影响居民的家庭财富。当下中国房价之所以持续高涨，还涉及城镇化进程、金融政策与传统文化思想几个因素。城镇化进程催生了一批适婚年龄的新生代城镇居民的刚性住房需求，拉动了房地产价格的增加。由于政府金融政策的创新，银行相继推出信贷消费产品，以超前消费、刺激消费为主要服务模式的金融创新产品，助力了房地产市场的繁荣。住有所居的传统文化思想也激发了房地产市场的持续繁荣。那么，房地产价值与家庭财富的关系究竟怎样？这方面的研究有很多，但研究角度多集中于阶层关系与财富再分配视角。例如，王磊（2016）等通过研究不同阶层的财富情况，论证了城镇居民住房财产持有的影响因素。朱大鹏和陈鑫（2017）对居民房产持有数量的差异性进行探讨，就家庭财富再分配与货币政策有效性进行研究。薛宝贵等（2019）则是研究了房产泡沫与财富分配的问题。因为在每个家庭的资产组合中，房产占据了大量的家庭总借贷数额（周广肃等，2019），所以房产价格波动对家庭财富的影响尤为重要。抛开房产借贷杠杆因素，仅考虑家庭财富水平，那么随着房价上涨，拥有多套住房的家庭财富水平也会随之增加。当然，有且仅有一套住房的家庭，房价虽然上涨，家庭财富水平增加，但是却无法实现财富转移与变现，导致财富增长的溢出效应并未出现。未拥有住房的家庭，随着房价上涨，其反而需要支付上涨的租金，进而会导致家庭财富减少。因此，房产价格波动也会影响到家庭财富，从而影响到家庭财富差距。这一观点，也在诸多文献中得到证实，如尹向飞和陈柳钦（2008）、李书华和王兵（2014）、张传勇（2014）、赖一飞（2015）、吕康银和朱金霞（2016）等。当然，也有学者从房产价格影响家庭消费的角度出发，认为房产价格上涨会导致家庭信贷支出增加，进而会挤占家庭消费，相关作者有王辉龙（2009）、王培辉和袁薇（2010）、万晓莉等（2017）、陈洁（Chen，2020）等。上述文献在研究房产价值时，更多关注的是房产价格波动引发的财富波动效应，以及其对家庭消费的影响。鲜有文献关注家庭的房地产投资带来的财富增值问题。

（三）投资偏好对家庭财富的影响

基于风险因素的考量，家庭在选择投资时一般会选择分散投资标的，即不把投资标的集中于某一种或者某一类产品。例如，财富水平较高的家庭会既选择金融资产投资，又选择非金融资产投资。在比较两类资产投资选择中，布鲁斯海迪（2007）等在研究澳大利亚的家庭财富差距时，认为澳大利亚的房产价值高，大约超过家庭财富总额的一半。所以，他们发现家庭中的金融资产投资远低于非金融资产投资。多伦（Doron，2020）也研究了投资者对投资组合选择偏好的问题。朱涛等（2012）在研究中国中青年家庭资产选择时，对不同年龄阶段金融资产和房地产资产持有情况进行分析，并从不同年龄财富持有的差异性探讨了金融资产投资和非金融资产投资的情况。林芳（2017）认为家庭财富的持有与结构是缩小差距的关键因素，并根据不同的家庭收入类型，着重分析了资产组合的问题。吴卫星和吕学梁（2013）、张大永和曹红（2012）等，也都探究了金融资产与非金融资产的选择问题。通过整理相关文献可知，究竟何种投资方式能够使得家庭财富积累更快，或者说投资何种资产对家庭财富的贡献程度较大，在以往的研究中并没有形成共识。之前的文献，更多关注的是单一变量对家庭财富的影响，而忽略了两者之间的比较。

四、区域发展对家庭财富的影响研究

城镇家庭财富差距的产生不仅与家庭要素特征密切相关，而且区域政策和区域经济非均衡增长也可能影响家庭财富水平与财富差距。由于区域本身发展条件的不一致性（Kanbur，1999），导致了不同区域之间资源禀赋存在显著不同。党的十九大报告明确指出，社会主要矛盾已经转化为人民日益增长的美好生活需要和不平衡不充分的发展之间的矛盾。这说明，研究区域发展不平衡不充分问题，对于解释居民家庭财富水平和财富差距具有重要意义。因此，本书的研究视角也从仅关注微观家庭层面扩展到既关注微观家庭层面又关注宏观区域层面。在微观层面中，家庭财富积累之间存在的差异，源自于家庭成员之间的收入差异或者是家庭投资收益存在的差异；在宏观层面中，区域间发展不平衡不充分也可能是造成家庭财富差异的原因。

查阅已有的参考文献，他们以此为出发点，探究了宏观区域发展与家庭财富之间的关系。孙元欣和杨楠（2008）通过分析美国的家庭财富与其国民经济之间的关系，认为美国家庭财富水平与国家经济增长之间存在显著的正向关系。杨灿明和孙群力（2016）在分析中国家庭财富分配差距时，认为区域发展水平是造成财富分配差距扩大的重要原因之一。张晨（2018）也关注了家庭财富与区位特征之间的问题。通过整理文献可知，区域发展因素成为影响家庭财富的重要指标之一，其主要原因在于区域发展具有不平衡和不充分性，所以其会对家庭财富水平和财富差距产生影响。当然，也有学者在研究中发现，中国家庭财富和宏观经济之间并没有较强的关系。例如，张梦蝶（2018）将中国宏观经济发展与家庭财富之间的耦合度和协调水平进行了研究，认为这种关系并不是高度协调的。新时期背景下，宏观区域发展与微观家庭财富之间的关系众说纷纭，尚未有明确定论。

五、文献评述

通过对已有参考文献的梳理，对已给出的研究方法、研究思路以及研究结论进行剖析发现，关于家庭财富问题的讨论，虽然部分见解达成了共识，但依旧存在众多争议焦点。争议主要集中在以下几个方面。

第一，对家庭财富存量的测算方面，测算准则标准不统一。早期关于微观家庭财富的研究更多地倾向于利用当期家庭收入来分析财富问题，而忽略家庭财富的时间沉淀效应，根本没有厘清家庭收入与家庭财富的关系，没有区分收入和财富的区别。同时，即便是有学者想利用家庭财富数据进行分析，然而家庭财富的统计口径并不一致，核算内容存在出入。为此，本书认为研究家庭财富问题，应该以家庭为核算单位，重点关注可能的收入来源，同时还应该关注收入变动情况。

第二，在金融资产投资对财富影响的研究中，居民特征的差异性对财富影响的传导机制没有阐述清楚。现有文献缺乏对居民特有属性以何种途径影响家庭财富的论证，也就是说居民特征影响家庭财富差异的传导机制的研究文献稍显不足。同样，在金融资产投资影响家庭财富的研究中，对于不同区域发展情况影响财富的异质性问题研究也显得苍白，更多研究是以整体为研究对象，没有对区域进行分类处理。如果将区域作为整体处理，那么就混淆了发达区域和不发达区域之间的差异，制定的对策也缺乏针对性。

第三，在研究房地产投资对城镇家庭财富影响时，仅关注了房价波动、房产价值增值影响城镇家庭财富的情况，忽略了投资效应的影响。房产既有消费品属性，又具有投资品的属性。当房产作为一种投资品存在时，其投资收益也应该被关注。另外，已有的研究混淆了房地产投资与房地产持有的概念，没有对房地产持有的数据和房地产投资的数据进行剥离。应从已有的调研房地产持有数据中，分解出房地产投资数据，继而仅考虑房地产投资变量对家庭财富的影响效应。同时，研究房地产投资对家庭财富的影响，也应该关注异质性问题，之前的研究中并没有系统性地分析这一问题。

第四，家庭不同的投资偏好对家庭财富积累的贡献程度也不同。关注家庭投资风险的文献较多，但是大多数文章是基于风险度量视角研究家庭资产的风险水平，从而导致其忽略了研究风险收益。基于投资偏好视角研究家庭资产收益，那么家庭金融资产投资与非金融资产投资对家庭财富的贡献份额也应进行比较。在已有的文献中，明显缺乏对两者贡献的论证和思考。同时，这种家庭投资偏好的差异性是否导致家庭财富差距，尚没有明显的结论。

第五，区域发展与微观家庭财富积累之间的关系尚未厘清，依旧存在争议。中国区域发展的不均衡和不充分是不争的事实，发展不均衡问题也导致了区域与区域之间家庭财富积累的先天条件不对等。这种先天不对等的区域发展差距导致了不同区域家庭财富在初始状态就存在明显差距，甚至也影响到了后天财富积累的速度、方式、途径，但是这种由区域发展带来的微观家庭财富差异的研究文献稍显不足。

鉴于此，本书在已有的研究基础上，借鉴部分文献的研究方法和研究思路，构建金融资产投资、非金融资产投资、区域发展和家庭财富之间的分析框架。以家庭财富水平测算为出发点，以家庭财富的影响因素分析为着眼点，采用合理的实证分析方法，如分位数回归、无条件分位数回归、中介效应检验、倾向得分匹配、多层线性分析模型等，探究金融资产投资、非金融资产投资对城镇家庭财富及家庭财富差距的影响，以及区域发展和投资偏好对城镇家庭财富及家庭财富差距的影响。从而，基于研究结论，提出提升中国城镇家庭财富水平和缩小中国城镇家庭财富差距的对策建议，为实现区域微观家庭协调发展，进一步推进区域合理建设，甚至加快推进共同富裕的进程，提供智力支持。

第三节 研究思路及方法

一、研究思路

本书的研究框架如图 1-1 所示，第一部分是文献梳理过程。文献梳理主要包括两部分内容，分别是投资与家庭财富的关系梳理以及收入与家庭财富的关系梳理。在投资与家庭财富的文献梳理中，涉及金融资产投资与家庭财富的关系梳理以及房地产投资与家庭财富的关系梳理。在收入与家庭财富的关系梳理中，主要包含收入水平差异带来的家庭财富差距以及家庭财富效应等内容，同时还包含了宏观区域发展与家庭财富之间的关系分

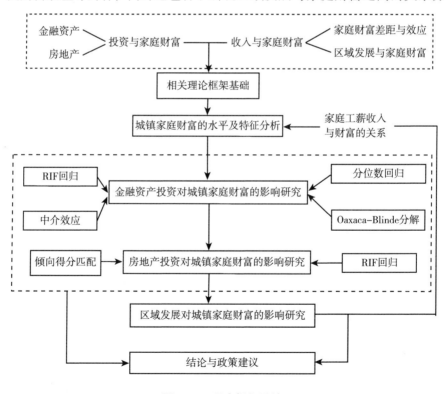

图 1-1　研究框架设计

析。第二部分是对本书研究所用到相关理论的归类整理。该部分详细阐述了收入与财富的关系、家庭投资理论以及非均衡发展理论等，具体涉及的理论有持久收入假说与预防性储蓄、效用最大化与投资组合、有效需求不足与货币的时间价值、预期与市场分割理论还有增长极、循环累积因果、不平衡增长、收入差距的倒"U"型曲线等。这些理论的梳理，为后续研究假设的提出提供了有力的支撑。第三部分研究的重点内容是城镇家庭财富水平的测算和特征分析。其中，在党的十五大报告中首次明确了按照生产要素分配的合法性之后，按照生产要素分配获得工薪、经营性收入或者投资收益第一次被法律承认。该部分着重从描述性统计的角度，分析了非投资性家庭收入对城镇家庭财富水平及财富差距的影响。第四部分分析了金融资产投资和非金融资产投资对城镇家庭财富的影响。其中，在金融资产投资的研究中，选取具有代表性的风险性金融资产投资标的股票、基金投资。由于股票、基金投资时间短、投资回报率高，加之众多研究文献都把股票、基金市场作为金融资产投资的研究对象，因此本书也重点研究股票、基金投资对家庭财富带来的影响。非金融资产投资同样选取了具有代表性的投资标的，即选取房地产投资作为研究的对象。本书分析了具有不同投资偏好类型家庭的投资行为，进而挖掘投资偏好对城镇家庭财富的影响。同时，还研究了在区域、户主年龄维度，不同的投资偏好方面产生影响的异质性问题。第五部分侧重分析区域发展、投资偏好对城镇家庭财富的影响。引入宏观区域发展变量，则进一步将微观层面研究与宏观层面研究相结合，从微观、宏观两个角度探讨城镇家庭财富的影响因素，使得研究结论更为可信和真实。

二、研究方法

本书采用理论分析和实证分析相结合的研究方法。基于投资偏好和区域发展相结合的视角，确定影响城镇家庭财富的因素，进而对造成城镇家庭财富差距的因素进行分析，其中具体的分析方法有以下几种。

首先，文献分析法。通过查阅国内外大量有关家庭财富研究的文献资料，厘清相关文献的研究重点和研究思路，对文献进行归类整理，甄别出文献研究中的创新点和研究不足的地方。力争在前人的研究基础之上，突破研究不足，挖掘到新的研究视角。文献整理的过程关注家庭财富的构成内容、财富效应的研究、投资对家庭财富的影响以及区域发展对家庭财富影响的研究几个方面。

其次，定性分析方法。由于微观调查数据研究的推广和流行以及微观调查数据的大样本性特征，本书选取中国家庭金融调查数据库（China Household Finance Survey，CHFS），在研究选题的基础上，整理出用于研究的基础数据，并对基础数据进行描述性统计分析，从中探究家庭财富水平及相应的分布特征。同时，对房地产持有数据进行数据剥离，确定投资性房地产的具体情况，便于后续问题的研究。本书还对已有的相关理论进行梳理，从中找到相应的理论支撑脉络，进而搭建起本书的理论框架与基础。

最后，定量分析方法。在定量分析上，本书通过构建相应的统计模型，从实证分析的角度出发，分别检验家庭工薪收入、金融资产投资以及非金融资产投资对中国城镇家庭财富水平的影响。除了涉及普通最小二乘法的回归之外，基于考虑投资偏好带来的家庭财富差距影响，本书选择了无条件分位数回归模型，并对相关差距进行 Oaxaca-Blinder 分解，其目的就是考察异质性影响问题。在金融资产投资对城镇家庭财富影响的研究中，为了探究金融素养对家庭财富的影响路径，本书选择了中介效应检验的方法。在非金融资产投资对城镇家庭财富影响的研究中，为了能够更好地刻画房地产投资对财富的影响，本书设计了实验组和控制组，并运用倾向得分匹配的方法进行研究。同时，考虑区域发展可能会对家庭财富产生影响，在作进一步分析时，通过构建多层线性模型，从微观和宏观两个角度出发，分层探析了宏观区域发展因素对家庭的影响，进而从缩小财富差距和进一步推进区域发展建设的角度，为政府制定政策提供量化标准和依据。

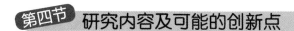

第四节 研究内容及可能的创新点

一、研究内容

本书共分为七章，各章节的安排如下。

第一章：绪论。该章节阐述了选择城镇家庭财富作为研究对象的原因与意义。结合目前已有的研究文献，从家庭财富构成与财富差距、财富效应、投资偏好与区域发展对家庭财富的影响角度出发，整理出现阶段与家庭财富相关的研究思路、方法与不足。为后续研究奠定相关基础。同时，对本书的研究框架和研究方法进行整理，并归纳出本书的创新之处。

第二章：理论基础与分析框架。该章节主要介绍研究的相关理论基础，分别是持久收入假说与预防性储蓄、效用最大化与投资组合、有效需求不足与货币的时间价值、预期与市场分割理论还有增长极、循环累积因果、不平衡增长、收入差距的倒"U"型曲线等。这些理论基础为后面的研究提供理论支持。同时，之后的研究成果也反过来验证了理论。

第三章：城镇家庭财富水平与特征分析。该章节通过归拢各种微观调查数据集，选出适合表述城镇家庭财富水平的数据库。再根据城镇家庭财富水平的定义，探究了城镇家庭财富的分布特征，并且从区域异质性和户主年龄异质性方面展开描述性统计分析。在对城镇家庭财富的差异性进行分析的基础上，得出相关结论。同时，也为后续章节研究提供数据支撑。在对城镇家庭财富水平的测算中发现，家庭金融资产中的风险性金融资产与无风险性金融资产存在显著差异。风险性金融资产中的股票、基金资产占有绝对地位，无风险性金融资产中的活期存款与定期存款比例较大。金融资产的收益水平不同，风险性金融资产能带来的收益较高。在非金融资产的构成中，房地产占到非金融资产的93.4%。从收益比例和资产占比角度来看，家庭持有股票、基金资产与房地产对家庭财富影响较大。最后，本章分析了家庭非投资性收入与城镇家庭财富的关系以及非投资性收入差距与家庭财富差距之间的关系。家庭非投资性收入对城镇家庭财富的影响弹性系数为0.593，并且家庭非投资性收入差距也会造成城镇家庭财富差距。

第四章：金融资产投资对城镇家庭财富的影响研究。基于之前的描述性统计分析，该部分主要完成了四个方面的讨论：第一，为了考察影响的结构性问题，运用分位数回归的实证方法，研究风险性金融资产投资对城镇家庭财富的影响。第二，基于分位数回归的方法，研究了风险性金融资产投资对城镇家庭金融资产的影响。第三，在金融素养对城镇家庭财富的影响研究中，考虑这种影响可能会存在中介变量，于是运用中介效应检验的方法，验证得出金融素养通过影响风险性金融资产投资，进而影响城镇家庭财富水平。第四，基于不同区域与不同户主年龄的视角，对不同类型的风险性金融资产投资与城镇家庭财富的关系做进一步探讨，并运用Oaxaca-Blinder分解的方法，对产生差距的原因进行分解。研究表明，在不同的分位数条件下，风险性金融资产投资都能够起到增加城镇家庭财富的作用；金融素养影响城镇家庭财富，可以通过风险性金融资产投资来进一步实现；同时，在不同类型省份之间，这种影响确实存在着明显的差异，产生差异的因素可分为两个，分别是家庭特征属性与区域金融发展属性，其中，风险性金融资产投资不是导致家庭财富差距的因素；在户主年龄财富影响异质性的研究中，样本数据越靠近基准组，则因财富时间积累差异带来的影响就会越小。

第五章：房地产投资对城镇家庭财富的影响研究。第一，为了探析房地产投资对城镇家庭财富的影响，在构造实验组与对照组的基础上，运用倾向得分匹配方法，计算平均处理效应，分析了家庭房地产投资对城镇家庭财富的影响。第二，进行了房地产投资影响财富的差异性分析，分别从不同区域和不同户主年龄的角度展开，为探求异质性产生的根源，该章运用无条件分位数回归和 Oaxaca-Blinder 分解，将产生差异的原因进行因素分解。结果表明，房地产投资能够有效地提升城镇家庭财富水平。但是，从不同区域角度看，房地产投资是导致城镇家庭财富差距的原因，也就是说，房地产投资虽然能加快城镇家庭财富积累，但却是导致不同区域城镇家庭财富产生差距的原因。

第六章：区域发展对城镇家庭财富的影响研究：基于多层线性模型。第四章与第五章的分析，主要是基于微观层面的研究，对风险性金融资产投资与房地产投资影响财富的情况给出结论。但是，在微观层面的研究分析中，可能存在遗漏变量偏差，即宏观变量的影响。鉴于此，本章继续探究了影响城镇家庭财富的宏观因素。因为涉及微观和宏观两个层面的实证数据，所以本章构建了多层线性模型，对研究的内容进行分析，多层线性模型共包含零模型、随机系数回归模型、截距模型和完整模型四类。结合第四章与第五章的研究结果，该部分从内因和外因两个方面入手，继续挖掘了影响城镇家庭财富的其他变量。然后，通过分析家庭层面的投资偏好与区域发展层面的不平衡和不充分，得出影响城镇家庭财富的其他因素。风险性金融资产投资与房地产投资都能够有效提升城镇家庭财富水平，房地产投资的边际财富倾向更加明显。同时，本章也比较了家庭特征变量对城镇家庭财富的影响差异。宏观层面的实证结果表明，经济发展在一定程度上对家庭财富积累有积极影响；税收负担缩减了城镇家庭财富的积累；区域间的地域关联性虽然能够使财富增加，但是影响幅度较小；财政支出水平同样能够使家庭财富水平增加，但也存在影响微弱的情况。

第七章：结论与对策建议。本章节归拢各章节的研究结论，对结论进行概括与提炼，并结合我国当下发展情况，给出具体的政策建议空间。主要的对策建议有以下几个方面：适度扩大风险性金融资产投资；加快提升家庭成员的金融素养水平；适度扩大投资房地产；加快经济发展，促进居民工薪增收；着力打造区域间地域关联性以及优化财政支出水平与结构。

同时，也对本书研究存在的问题与今后的研究给出评价。

二、可能的创新点

为了研究家庭的投资偏好对家庭财富的影响，本书将家庭的投资偏好进行分类处理，从金融资产投资和非金融资产投资，融合宏观区域发展等角度出发，破解了仅从单一角度分析的局限性和片面性。微观与宏观结合、金融投资与非金融投资结合，从而使得研究结论更具有代表性和实践意义。本书研究可能的创新点主要集中于以下几个方面。

第一，鉴于现阶段城镇家庭财富主要来自工薪收入和投资收入两方面的积累，本书对城镇家庭财富差距的研究也从这两方面切入。其中，家庭工薪收入与家庭所在地区的区域经济发展有关，而家庭投资收入则与家庭对金融资产或实物资产的投资偏好有关。于是，在此基础上，先完善了城镇家庭财富水平计算方法，并对不同的调查结果进行了比较，较为客观地反映了城镇家庭财富差距的问题。同时，对家庭非投资性收入，也就是家庭工薪收入影响家庭财富进行实证分析，并对家庭非投资性收入差距影响家庭财富差距进行探讨。从定性讨论和定量实证两个角度，辨析了家庭非投资性收入与家庭财富的关系。

第二，考察家庭金融资产投资对家庭财富的影响时，运用了分位数回归、中介效应检验等方法，分别考察了风险性金融资产投资对城镇家庭财富的影响，以及金融素养影响财富的传导路径问题；同时，采用Oaxaca-Blinder分解的方法，从不同区域之间与不同户主年龄之间，挖掘了财富差距产生的原因。

第三，房地产投资是目前我国家庭最主要的非金融投资渠道。本书先对住房资产的数据从性质上进行了分类，界定了投资性住房资产。然后运用倾向匹配的方法，分析了房地产投资对城镇家庭财富影响的平均处理效应；并运用分位数回归、Oaxaca-Blinder分解，对不同类型下的房地产投资导致的财富差距进行分析。

第四，由于家庭工薪收入与区域发展有着密不可分的关系，所以本书在实证检验了投资偏好对城镇家庭财富影响的基础上，进一步将区域变量引入分析框架，将微观数据与宏观数据结合起来，构建多层线性模型，实证检验了区域发展对城镇家庭财富水平和差距的影响。同时，中国城镇家庭财富存在较为严重的空间差距，这种空间差距主要分布在不同省份之间，即省份之间存在发展不平衡的现象，该研究结果也可以为区域发展不平衡的问题提供新的解决路径。

因此，本书的创新点总结如下：一是选取微观数据为研究数据来源，克服了宏观数据忽略差异的缺陷。在一定水平上，城镇微观家庭财富数据更能够较为真实地反映家庭财富状况以及家庭财富差距问题。与此同时，较大的家庭样本数量更不易被极端数据所影响。二是本书剖析了城镇家庭财富及家庭财富差距的根源性问题。从城镇家庭居民可支配收入出发，分析了工资性收入、经营性收入、财产性收入和转移性收入的结构问题，并通过理论分析和实证研究聚焦导致城镇居民家庭财富收入差异的因素。三是本书采用了微观数据的研究方法与微宏观相结合的数据研究方法。一方面，在分析金融资产投资和非金融资产投资对城镇家庭财富的影响时，采用了常见的微观计量分析方法，如倾向匹配、Oaxaca-Blinder 分解等；另一方面，在考虑家庭财富可能会受到宏观因素影响时，又将微观、宏观视角相结合，采用多层线性分析模型来进行分析。

第二章

理论基础与分析框架

本书的研究对象是城镇家庭财富水平，主要是从家庭投资偏好、区域发展影响城镇家庭财富的角度进行研究，研究主要涉及微观与宏观两个方面的理论。本章旨在梳理前期研究理论基础，为本书后续从家庭收入、投资偏好选择和区域发展等方面展开研究提供相应的理论支撑。

第一节 收入与财富理论

一、家庭收入与家庭财富

在一定程度上，家庭收入会直接影响到家庭财富，通常情况下家庭财富被看作是家庭收入长期积累的结果。家庭财富的形成跟家庭收入之间有着必然的联系，是因为家庭收入一部分会转化积累成为家庭财富。从家庭收入的具体来源可知，家庭收入中的非投资性收入指的是凭借家庭成员的劳动要素获得的，投资性收入则是凭借家庭成员的资产要素获取的。在家庭收入组成中，除了非投资性收入和投资性收益之外，还可能会存在一些随机性收入，如灰色收入、礼金收入等。但这些随机性收入的本质是家庭收入来源的一种随机调整，所以可以认为总期望值为零。综上所述，影响家庭收入的主要因素有两个：一个是家庭非投资性收入，即工薪收入水平；另　个是家庭投资性收入，即投资收益。

若家庭初始时期的家庭财富积累为 W_{t_0}，假设这部分财富可通过代际传递获得。t_0 到 t_1 时间内的家庭非投资性收入为 L_{t_1}，可以将其理解为劳动报酬收入，随机收入为 u_{t_1}。根据上述假定条件，则该家庭 t_0 到 t_1 时间内的总收入 Y_{t_1} 为：

$$Y_{t_1} = \lambda W_{t_0} + L_{t_1} + u_{t_1} \tag{2.1}$$

其中，系数 λ 表示的就是资产收益率，也就是本书研究的重点，即如何提高资产收益率进而可以实现增加家庭财富水平、缩小家庭财富差距。经过一段时期之后，t_1 时刻的家庭财富积累表示为 W_{t_1}。同时假定，t_0 到 t_1 时间内的家庭产生的消费为 C_{t_1}。那么，家庭在 t_1 时刻的财富水平为：

$$W_{t_1} = W_{t_0} + (Y_{t_1} - C_{t_1}) \tag{2.2}$$

由此可以看出，家庭财富在积累和消费之间存在一个博弈过程。假设家庭储蓄与消费的函数为 $U(x)$，借鉴已有的参考文献，令 $U(c) = \ln(c)$，设立对数型函数的目的在于对数型函数易于求导，便于分析问题。因此，此时家庭的效用函数表达式为：

$$U_{t_1} = (1 - \beta) u(C_{t_1}) + \beta u(W_{t_1}) \tag{2.3}$$

此时，假定 β 为储蓄率，表示用于储蓄的比例；$1 - \beta$ 为消费率，表示用于消费的比例。家庭在消费和储蓄之间，必然会追寻效用最大化。上式效用最大化的求解过程，也就是一阶导数为零的求解过程，即：

$$\begin{aligned} U_{t_1} &= (1 - \beta) u(C_{t_1}) + \beta u(W_{t_1}) \\ U_{t_1} &= (1 - \beta) \ln(C_{t_1}) + \beta \ln[W_{t_0} + (Y_{t_1} - C_{t_1})] \\ \frac{\partial U_{t_1}}{\partial C_{t_1}} &= \frac{1 - \beta}{C_{t_1}} - \frac{\beta}{W_{t_0} + Y_{t_1} - C_{t_1}} = 0 \\ C_{t_1} &= (1 - \beta)(W_{t_0} + Y_{t_1}) \end{aligned} \tag{2.4}$$

这表明，当期的消费跟当期收入和前期财富存量有关。如果 β 越大，则说明消费越少，则储蓄水平越高。将式（2.4）代入式（2.2）和式（2.1）中，即可得到家庭最终财富与初始财富和家庭当期收入的关系为：

$$
\begin{aligned}
W_{t_1} &= W_{t_0} + (Y_{t_1} - C_{t_1}) \\
&= W_{t_0} + [Y_{t_1} - (1 - \beta)(W_{t_0} + Y_{t_1})] \\
&= W_{t_0} + [Y_{t_1} - (1 - \beta)W_{t_0} - (1 - \beta)Y_{t_1}] \\
&= W_{t_0} + (Y_{t_1} - W_{t_0} + \beta W_{t_0} - Y_{t_1} + \beta Y_{t_1}) \\
&= \beta W_{t_0} + \beta Y_{t_1} \\
&= \beta W_{t_0} + \beta(\lambda W_{t_0} + L_{t_1} + u_{t_1}) \\
&= \beta(1 + \lambda)W_{t_0} + \beta L_{t_1} + \beta u_{t_1}
\end{aligned}
\tag{2.5}
$$

由式（2.5）可知，家庭的期末财富跟家庭期初财富和本期收入有关。至此，我们可以得出，要想提高家庭的期末财富水平，就需要考虑期初财富和当期收入两个因素。假定家庭储蓄率不变，则期末财富水平还与投资收益率有关。

为了探明财富差距产生的根源，将式（2.5）进行差分变换，得到：

$$
\begin{aligned}
W_{t_1} &= \beta(1 + \lambda)W_{t_0} + \beta L_{t_1} + \beta u_{t_1} \\
\Delta W_{t_1} &= \beta(1 + \lambda)\Delta W_{t_0} + \beta \Delta L_{t_1} + \beta \Delta u_{t_1}
\end{aligned}
\tag{2.6}
$$

假设剔除时间因素的影响，则城镇家庭财富当期差距跟当期原始财富投资收益和当期家庭非投资性收入差距有关。综上所述，当期家庭财富差距的产生一方面源自原始财富投资收益差距，另一方面源自家庭非投资性收入差距。这也为后面分析家庭非投资性收入、投资收益对家庭财富的影响提供了依据。

如图 2 - 1 所示，仅考虑当期情况，家庭非投资性收入差异会导致家庭财富差距。同样，家庭投资收益差异也会导致家庭财富差距。家庭非投资性收入差距与家庭财富差距并不相同。家庭非投资性收入差距主要指的是家庭成员的工薪收入不同带来的差异，这部分差异是个人要素禀赋不同、收入分配政策所导致；家庭投资收益差距指的是家庭成员利用原始财富进行投资所获得收益的差异。鉴于此，本书在研究家庭财富差距问题时，既关注了家庭非投资性收入差距，又考虑了家庭投资收益差距。当然，也有学者认为家庭财富差距应该包括两类，分别是物质财富的差距和精神财富的差距。因为精神财富差距测算困难、因人而异，极易出现测算误差，所以在本书的研究中，只考虑物质财富的差距问题。因此，本书中涉及的财富差距指的就是物质财富差距。通过上述分析，家庭非投资性收入差距、家庭投资收益差距和家庭财富差距，三者差距之间虽有不同，但也有联系。首先，家庭非投资性收入差距、家庭投资收益差距和家庭财富差距统计范围基本一致。这种差距可能存在于不同行业、地域、城乡之间，或者存在于同一行业、同一地域、同一城镇、同一乡村之间。其次，从产生差距的根源角度分析，家庭投资收益差距与家庭非投资性收入差距是家庭财富差距的根源，家庭财富差距是投资收益差距和非投资收入差距积累的外在表现。通常情况下，投资收益与非投资收入差距越大，财富差距也会越大。最后，由于中国正处于转型时期，三者差距或许都跟不完善的市场经济体制有紧密关系，这一点本书不展开论证。

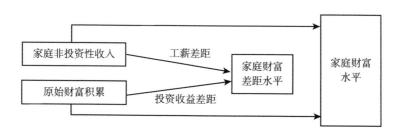

图 2 - 1　微观家庭因素导致当期财富差距分解

我们已经知道导致家庭财富差距的两方面因素。具体而言，家庭投资性收益主要受家庭特征因素的影响，如家庭初始财富、家庭成员的受教育年限、婚姻状况、是否党员、年龄等；而家庭非投资性收入不仅会受到家庭特征因素影响，而且还会受到区域经济情况、区域财政情况等区域发展因素的影响。因此，为全面分析家庭财富差距产生的原因，本书既要关注家庭非投资性收入差距，又要聚焦家庭投资收益差距。

二、持久收入假说与预防性储蓄

人的一生是一个长期计划消费的过程。人们会选择一种相对稳定的生活方式，不会在某一时刻忽然形成大量储蓄或者巨额消费。在工作期间，家庭成员以劳动换取的工薪收入会使家庭形成一定数量的财富积累；当退休之后，家庭成员开始依靠之前的储蓄继续生活，之前的储蓄主要包括存款和养老金等，进而在其生命延续的年限内，形成反储蓄；到生命结束时，资产恰好为零。持久收入理论与预防性储蓄理论很好地诠释了居民在储蓄、消费和收入之间的考量。持有收入假说与预防性储蓄的由来，应追溯到凯恩斯的消费理论。凯恩斯的消费理论认为，一个人的当期消费跟这个人的当期收入有直接关系，于是他提出了边际消费倾向的概念，边际消费倾向指的是当期收入每增加一个单位所用于消费支出的增量水平。但是，后续其他学者研究发现，一个人的当期消费不仅跟当期收入有直接关系，可能还与该人其他时期的收入有关。于是，弗里德曼（Friedman，1957）和莫迪利亚尼（Modigliani，1963）提出了持久收入假说理论与生命周期理论。持久收入假说认为消费者不可能仅存在当期收入，看待其收入水平，应该从长期角度来核算。他认为应从长期考虑收入来源、收入稳定性等角度，进一步判定消费者的收入状态。由于这是一个长期的预计过程，所以生命的长短就应该被考虑进去，因此诞生了生命周期理论。一般意义上，生命周期理论指的是人的生命周期，有成长、成熟、衰退等因素。生命周期理论认为，消费者在消费的时候应该将整个生命过程考虑进来。人在消费的时候，也需考虑自身整个生命周期的收入情况，这便是生命周期理论在居民消费领域的应用。当然，生命周期理论在其他领域也有应用，这里不再展开论述。至此，持久收入假说和生命周期理论共同将凯恩斯消费理论由短期过程扩展到长期过程。

弗里德曼（1957）和莫迪利亚尼（1963）融合了两个理论，并认为消费者即便是当期消费，也要依据消费者一生的收入来决定。于是，影响消费水平的因素就从当期收入因素扩展到生命整个周期的收入因素，这就形成了持久收入假说理论与生命周期理论。该理论框架一直成为研究储蓄和消费的指导思想。但是，费雪（1956）和弗里德曼（1957）认为，如果消费者是风险厌恶者，那么消费者会根据自己的职业类型与收入水平等因素，形成预防性储蓄。预防性储蓄理论跟持久收入和生命周期理论不同，它考虑了风险因素对消费者储蓄带来的影响。之所以会形成预防性储蓄，要归因于预防性需求。关于预防性需求的由来，莱兰（Leland，1968）、桑德姆（Sandmo，1970）等率先利用效用函数时间的可加性，当函数三阶导数大于零时，则消费者有预防性储蓄动机。由于未来社会事件具有不确定性，预防性储蓄也就存在了一定的不确定性。预防性储蓄产生的根源可以解释如下：假设一位消费者有两期的消费，那么消费者在两期的消费过程中，期望效用最优化的数学方程就成为：

$$\text{Max } E\big[U(C_1, C_2)\big] \tag{2.7}$$
$$\text{s.t.} \quad C_2 = I_2 + (1+r)kI$$

其中，k 表示的是在第一期时候的储蓄率，I_2 表示的是第二期均值为 $E(I_2)$、方差为 σ^2 的不确定性收入。这样，结合不确定性条件问题，消费者期望效用最优化的均衡条件是：

$$E(U_1) - (1+r)E(U_2) = 0 \tag{2.8}$$
$$U_1 = \partial U/\partial C_1 ; U_2 = \partial U/\partial C_2$$

假定消费者不论条件是否确定，都让其储蓄率等于其最优储蓄率，那么通过推导就可以得到符号函数相等，即：

$$\text{sign}\big[E(U_1)^0 - (1+r)E(U_2)^0\big] = \text{sign}\big[U_{122}^0 - (U_1^0/U_2^0)U_{222}^0\big] \tag{2.9}$$

根据二阶充分条件有：

$$d^2\big[E(U)^0\big]/dk^2 = d\big[(1+r)E(U_2)^0 - E(U_1)^0\big]/dk < 0 \tag{2.10}$$

根据原始假设确定性与不确定性条件下的最优储蓄相同可知，如果使 $U_{122}^0 - (U_1^0/U_2^0)U_{222}^0$ 为正，则此时的不确定性收入下的最优储蓄率就会高于确定性的最优储蓄率。超过的那部分，就变成了预防性储蓄的动机。因为效用函数分离可加，总效用函数的任何偏导数为零，并且符号 U_1^0/U_2^0 为正，所以当效用函数三阶导数大于零，消费者便产生预防性储蓄动机。

接下来本节分析影响预防性储蓄的可能性因素。根据消费者预防性储蓄产生的直接原因可以推出，消费者形成预防性储蓄的动因主要有两个方面，一方面是对于未来社会事件不确定性的直接干预，另一方面是消费者承担风险的主观态度和程度。未来社会事件总是会对当下的储蓄因素产生影响，其中的未来社会事件主要指的是通货膨胀、利率调整等。这种影响是不可避免的，所以在客观程度上，未来总是会存在不确定性。这种不确定性影响程度的大小决定了消费者预防性储蓄的多少。另外，消费者承担风险的主观态度和程度对预防性储蓄的影响更为重要。如果消费者倾向于风险厌恶型，那么消费者就会增加当期的预防性储蓄，减少风险性投资可能带来的财富损失；反之，消费者为风险积极型，那么消费者就会减少当期的预防性储蓄，增加风险性投资以期获得更高的投资回报。当然，消费者的预防性储蓄还与其他的因素有关系，如消费者的收入状况、家庭成员的身体状况、家庭未来的教育支出等。

之所以关注预防性储蓄，是因为预防性储蓄能够形成预防性财富。关于消费者的预防性储蓄促成了消费者预防性财富积累的研究文献有很多，主要集中在以下几个研究方面。有观点认为，预防性储蓄能够形成预防性财富。卡瓦列罗（Caballero, 1991）认为，美国财富积累的过程中，绝大部分形成依靠的是预防性储蓄。巴林杰（Ballinger, 2003）等运用实验的方法，研究了个人在生命周期中如何进行预防性储蓄以及形成预防性财富的过程。在预防性储蓄形成预防性财富的过程中，具体形成的贡献份额专家也给出了测算。哈伯德（Hubbard, 1987）和贾德（Judd, 1987）、卡罗尔（Carroll, 1992）等采用数值模拟的方法，论证了预防性储蓄对家庭财富形成的贡献程度。张安全（2014）通过研究发现，不论是城镇居民还是农村居民，都持有较多的预防性财富，这些预防性财富占家庭财富水平的20%～34%。但是也有专家表示，预防性储蓄并不一定形成预防性财富，从而增加家庭财富水平。例如，卢萨尔迪（Lusardi，1998）认为美国家庭的财富来源并不来自于预防性储蓄。

在预防性储蓄导致预防性财富方面的研究，学界尚未完全形成统一的共识，这可能跟区域文化、价值观念等因素有关。一直以来，中国家庭居民都有未雨绸缪的思考方式和行为惯性，所以更多情况是中国家庭的财富积累与预防性储蓄存在一定的关系。但是考虑预防性储蓄的产生是以家庭收入充裕为前提，所以本书在考虑家庭财富问题的时候，倾向于从收入与投资角度出发，重点考察投资带来的财富积累和增值过程。在这一思路背景下，家庭即便形成了预防性储蓄，不论是以定期存款、股票基金或者房产的形式存在，其最终目的也是用于投资，以期获得投资收益。

第二节 家庭投资理论

一、投资组合与效用最大化

投资的过程较为复杂，有的是单一资产投资，但更多的是多种资产组合投资，形成投资组合。关于投资的理论研究有很多，如凯恩斯选美论、随机漫步理论、有效市场假说以及行为金融学理论等。凯恩斯选美理论认为，购买股票投资就如同选美投资一样，需要知道其他投资人的投资动向和投资行为，然后才能在投资的过程中稳操胜券。其中，他将风险因素用"击鼓传花"的游戏来比喻，形象地诠释了不确定性。奥斯本（1959）提出了随机漫步理论，他认为股票价格的波动，完全就是一种"布朗运动"，当前的股价已经反映了买卖双方的意愿，反映了市场的供求关系。任何技术分析，都不能预测股价走势，股价的波动也是随机的。有效市场假说是由尤金·法码（Eugene Fama，1965）提出的，他认为在股票投资市场中，所有的消费者都是理性消费者，并且能够根据市场中的信息作出及时反应。在处于充分竞争条件下的股票市场中，一切有价值的信息都包含在股价的走势中，包括企业未来与现在的所有影响因素。在没有市场操作的前提下，投资者无法获得高于市场平均水平的超额利润。丹尼尔·卡纳曼（Daniel Kahneman，1979）将心理学与金融学的内容融合，揭露了金融市场中非理性行为的根源。他提出的行为金融学认为，股票价格的波动并不只跟企业本身因素有关系，往往跟投资者的主体行为因素也有关系。投资者心理与行为对股票市场的投资影响作用较大。因此，根据行为金融学理论体系，投资者的投资决策往往跟投资者心理密不可分。当然，关于投资的理论还有沉没成本理论、估值理论与信息不对称理论等，这里不再展开论述。但是，谈及投资，就必须要讨论资产组合的问题。

　　资产组合就是将不同类型的投资资产标的组合到一起的过程，在企业投资和家庭投资中最为常见。将不同类型的资产混合投资的目的就是疏散投资风险。基于此，1952 年美国经济学家马科维茨（Markowits）率先提出了一个观点，他认为最佳的投资组合应该是具有风险厌恶特征的投资者的无差异曲线和资产的有效边界线的切点。同样，在家庭投资的过程中，不仅需要考虑投资组合的收益情况，也就是考虑投资回报率，而且还需要考虑风险、交易成本、税收等问题。于是，效用、风险、成本等就成为进行投资研究关注的焦点问题。其实，最优投资组合理论就是在不确定性条件与风险偏好之间进行博弈的过程。因此，在给定的风险水平下，理性的投资者应该作出投资收益最大化的决定；或者是在给定投资收益条件下，理性的投资者可以作出投资风险最小化的决定。随着科学技术水平的不断提升，现代化的投资理论随之出现。与之前传统的投资模型相比，现代化的投资理论最大的特点就是建立了具有系统性、科学性的模型，以精准化分析投资问题。

最早的投资收益理论是从消费者角度，提出了效用最大化的目标。它是微观经济学的核心理论之一，有基数效用论和序数效用论之分。该理论认为微观经济个体，都应该以追求效用最大化为目标。效用，一般指的是人们的主观满意程度，也是一种完全的心理感受，因此，效用因人而异、因时而异、因地而异。考虑到微观家庭的投资过程，效用同样具有这些属性。假设某家庭从事资产投资，那么该家庭一定会按照效用最大化的方式进行资产配置。或许唯一不同的是，大多数情况下投资效用最大化会被投资收益最大化所隐藏和替代。在投资实例中，期望效用最大化理论通常被用来解释投资组合的结构构成。期望效用最大化理论应该追溯到圣彼得堡悖论（saint petersburg paradox）。该悖论说的是，当投掷硬币时，直到出现正面才停止。第一次出现正面时，可以赢得1元钱；第二次出现正面时，可以赢得2元钱，以此类推，如果第 n 次投掷出现正面，则可以赢得 $2(n-1)$ 元钱。这样的赌局，初始支付多少元才算公平。

$$E(*) = \frac{1}{2} \times 1 + \frac{1}{4} \times 2 + \cdots + \frac{1}{2^n} \times 2^{n-1} + \cdots = \infty \qquad (2.11)$$

由数学期望计算可知，前期支付费用应该为无穷大。但是参与赌博的赌徒肯定不会支付无穷大的初始财富，所以这就形成了一个悖论。为了破解这个悖论，伯努利选择了对数作为期望效用函数，定义为 $a\log(x)$。那么则有 $E[u(x)] = \sum \frac{1}{2^x} a\log 2^{x-1}$，其中 $a > 0$。根据这样的函数，就可以计算出，此时的期望为小于等于4元。所以，可以看出确定性状态下和不确定性状态下的期望计算结果不同，进而追求的效用最大化水平就不同。

1944年，诺伊曼和摩根斯坦正式提出了期望效用最大化理论，他们认为投资组合应该考虑收益问题，投资组合获得的收益应该是投资的期望效用。因此，期望效用最大化就是投资收益最大的数学表述。马科维茨（Markowitz，1952）在此研究的基础上，又创立了均值—方差模型，该模型用来表述投资过程中投资风险与投资收益之间的关系。在这个模型的分析中，如果投资收益大于均值，那么超出的部分就被理解为风险，这显然与事实不符。于是马奥（Mao，1970）提出了"均值—下半方差"的概念，即用均值与下半方差的组合来表示投资风险。莫顿（Morton，1995）和普利斯卡扎（Pliskazai，1995）考虑了在投资组合过程中产生的交易成本问题，并对此进行了详尽的研究。当然，有人也在研究的过程中细化了交易成本的类型，分为比例成本和固定成本，同时基于固定交易成本视角下求得最优投资比例（Liu，2004）。

综上所述可以看出，之前关于投资的研究成果，更多关注焦点是投资期望效用与风险、成本的问题。通过数学模型量化了投资可能的收益，并提炼了投资过程中应该注意的事项。但是，考虑到资本结构组合这一问题，已有的研究并没有对单一品种的投资收益和多品种投资收益进行比较分析。所以，本书的研究将以城镇家庭的特征以及投资偏好的选择为出发点，基于投资期望效应最大化的思想来分析城镇家庭投资对家庭财富的影响。这种投资问题的研究既考虑了单一投资变量，也考虑了不同投资变量的组合情况。这样，既可以挖掘出影响城镇家庭财富的因素以及造成财富差距的原因，又可以验证投资的期望效用最大化理论。

二、有效需求不足与货币的时间价值

凯恩斯作为宏观经济学的代表人物，提出的观点也都潜移默化地影响着微观家庭的资产选择。首先，凯恩斯理论框架的学术起点是就业理论。1936 年，他发表的《就业、利息和货币通论》就已经阐述了这一观点。就业理论的学术起点便是有效需求。因此，凯恩斯最早建立了有效需求不足理论。有效需求不足，指的是因各种因素导致货币没有足够的购买能力，从而导致的需求不足。通俗来讲，当财富过度集中于少数人手中时，就会使普通大众没有购买能力，从而导致有效需求不足。因此，这一理论将家庭的财富水平与市场供求联系了起来。凯恩斯在分析有效需求不足产生的原因时，认为主要是由于边际消费倾向递减规律、资本边际效率递减规律以及凯恩斯的货币需求理论这三个因素导致。首先，边际消费倾向递减指的是随着人们货币收入的增加，最后一单位货币收入用于消费时，所占消费的支出比例在减少。凯恩斯重点关注消费领域，他认为影响消费的因素有很多，一般情况下，随着人们收入水平的不断增加，消费水平也在不断增加。但是，消费水平增加的幅度要远小于收入水平增加的幅度。随着人们收入水平的不断减少，消费水平也在减少。但是，消费水平减少的幅度要小于收入水平减少的幅度。如果一个人收入水平较高，那么他的边际消费倾向就会很低；反之，如果一个人收入水平较低，那么他的边际消费倾向就会很高。基于上述论断可以得出，高收入者的边际消费倾向就会低，因为对于高收入者而言，最后一单位货币对他的影响程度不大；但是，低收入者却与之相反。对于低收入者而言，最后一单位货币对他的影响程度很大，因为最后一单位有可能影响其基本的生活资料购买，所以低收入者贫穷的原因是其基本生活资料支出占其总支出的比重较大。所以收入因素下的边际消费倾向递减规律，会使部分家庭产生有效需求不足。其次，资本边际效率递减规律的内容是随着投资的资本总量不断提升，人们预期从资本中获得的资本收益率在不断下降。因为预期资本收益率在下降，所以人们会减少资本投资总量，继而导致有效需求不足。最后的原因在于凯恩斯的货币需求理论。凯恩斯的货币需求理论认为，居民持有货币的原因无外乎三种——交易动机、谨慎或者预防性动机、投机动机。所以，家庭持有的货币不能够完全用来实现交易，因此也会导致有效需求不足。综上所述，有效需求不足会影响到家庭财富的问题。

按照凯恩斯的货币需求理论，家庭持有财富也应该遵循这三种思想，即交易、预防和投机。由于家庭财富的拥有水平是具有差异性的，在满足交易和预防性用途之后，剩下的财富将会被用于投机性需求。投机性需求的目的是获得收益，这时家庭的投资对象可以选择风险性金融资产、无风险性金融资产或者是非金融资产。本书正是基于这种考量，寻求家庭投资给家庭财富带来的影响效应，以及评价与比较这种影响的差异程度。家庭投资具体选择何种投资方式，以及是否需要投资，还涉及货币时间价值的问题。

货币具有时间价值属性。马克思认为商品具有价值和使用价值的双重属性。要想获得商品的使用价值，就必须出让掉商品的价值；同样，要想获得商品的价值，就需要出让掉商品的使用价值。价值和使用价值不能同时并存于持有者手中。货币作为一种特殊商品，它具有一般等价物的性质，那么货币也具有价值和使用价值。价值和使用价值不能同时兼备，所以当消费者获得货币的价值时，就必须出让掉货币的使用价值。当消费者获得货币的使用价值时，就必须出让掉货币的价值。货币价值更多地体现在货币的时间价值上。作为单个家庭而言，假设将货币存放于银行中，以定期存款或者保本理财产品的形式存在，其目的一方面是为了获取利息收入，另一方面是为了抵抗通货膨胀。因为货币具有时间价值，家庭将货币存放于银行机构中，出让了货币的使用价值，那么收取的利息可以理解为货币的价值即货币的时间价值。不能将货币存入银行的利息收入理解为货币的投资收益，原因在于那部分收益并不是真实投资形成的，而是出让掉使用价值的结果。在诸多计算投资收益与投资方案是否可行时，也应该删减掉货币时间价值的隐性成本。所以，基于投资收益角度分析家庭投资偏好时，应考虑家庭投资收益的净值。本书着重分析的是何种投资能够有效增加家庭财富水平，以及影响家庭财富水平之间的差距。基于简化数据处理步骤和突出分析重点的考虑，所以在分析的时候并没有对这一概念进行数据剥离，只是从事件本身的角度出发，判定家庭选择的投资偏好对家庭财富的影响。

三、预期理论与市场分割理论

预期理论最早应追溯到 1936 年凯恩斯发表的《就业、利息和货币通论》一文，文章将不确定性与预期问题引入到经济学的研究视野。其中，瑞典学派的事前、事后分析,为预期理论做了大量的基础工作。从经济学的角度看,预期理论可以分为狭义预期理论和广义预期理论。狭义的预期理论指的是预期未来某种商品的价格发生变化,继而导致产生的相关影响。广义的预期理论指的是预期未来的经济形势发生变化,导致带来的相关影响情况。预期理论的具体形式可以划分为四种情况,分别是静态预期、外推预期、适应性预期和理性预期。在静态预期理论中,主要强调的是过去时期对当前时期的影响。此时,当期的预测值就是上期的真实值,我们将这种预期理论称为静态预期理论。由于这种计算方法就是简单的替换,所以可能会存在前期极值的影响。为了消除极端数值影响,于是产生了外推预期。外推预期理论指的是本期值与前期值相关,同时与之前两期变化值相关。因为该方法考虑了之前两期变化的差值,所以外推预期理论比静态预期理论更为严谨。但是仅考虑之前两期变化的差值也是不完全的,适应性预期理论认为,应该考虑之前做出预期时发生错误的概率。于是,适应性预期理论认为,不能仅考虑之前两个时期差值,还应该考虑经济主体之前做决定时的错误情况,对错误预期进行一定的修正调整,修正的系数又叫做修正因子。卡甘(Cagan,1956)在提出适应性预期之后,著名经济学家弗里德曼将该理论运用在货币市场中,衍生出了通货膨胀的理论。但是,刚刚讨论的三种预期理论都是对过去经验的总结、梳理、归纳,并在归纳的基础上对当前时期的情况作出判断。这三种预期理论都存在同样的缺陷,即没有能够充分使用当前的相关信息变量。预期不仅与之前的变量有关系,而且也应该与当前影响预期的因素有关。这样,就产生了新的预期学派,即穆斯(Muth,1961)提出的理性预期。理性预期是指经济主体充分利用所有可以利用的信息,进而产生的决定过程。在理性预期中,假设人都是理性人,理性人可以得到最充分的信息,同时在对充分信息进行加工利用之后,进而得到无系统性偏误的预期结果。这种预期方式显得更为合理、真实、准确。这种预期方式有两条经典假设:第一,消费者实现效用最大化与生产者实现利润最大化,是检验政策是否成功的标准。也就是说，在理性预期条件下，微观视角下的社会成员福利必须是增加的。第二，完全预期假设指的是所有人当前的决策与即将发生的实际情况完全相同。但是在现实生活中，理性预期的假设条件往往被推翻。原因在于市场并不是完全一致的，而是分割存在的。

市场分割理论与预期理论恰巧相反。市场分割理论产生的原因一般有以下几种因素：投资者的投资习惯和投资偏好、投资者的负债结构、投资者的知识储备等。该理论按照投资期限将市场分为长期市场、中期市场与短期市场，并认为不同期限的债券市场之间是完全独立的，所以当投资者偏好一种债券时，不会对其他的债券产生影响。这一观点表明，长期、中期、短期债券市场之间是不可以互相替代的。一般情况下，投资者更加偏好于时间周期短、风险系数小的短期债券，所以短期债券的需求量会大于长期债券。但是，长期债券利率高、回报率高，也会影响短期债券市场的变化。因此，市场分割理论的贡献在于，对不同的投资市场进行分类，使不同的投资市场拥有不同的投资者进行投资，获取的投资收益也不同。所以，研究投资问题也应该基于不同的投资市场角度进行。

第三节 非均衡发展理论

非均衡发展理论是区域经济发展的重要理论之一。该理论分为两种类型，一种是不含时间变量的模型，另一种是含有时间变量的模型。对于无时间变量模型，代表理论有增长极理论、循环积累因果论、不平衡增长论等；对于有时间变量模型，最具代表性的就是倒"U"型理论。

一、增长极理论

经济增长极理论是由法国著名经济学家佩鲁（Perroux，1950）提出的，狭义经济增长极理论大致有三种类型，分别是产业增长极、城市增长极、潜在的经济增长极。而从广义经济增长极角度看，凡是能促进经济增长的积极因素和生长点都是增长极。具体来说，他认为经济增长的过程不能均衡推进，需要依靠某一经济群体或者先行产业。具体表述为将先行主导产业推进发展之后，带动其他产业跟进，从而实现依靠特定产业推动经济增长的过程。该思想的逻辑在于，经济增长是各个产业部门组合推进的结果，但是需要有一个主导产业引领经济增长。在经济空间的布局中，假设各个产业都是空间节点，各产业发展都能够为经济增长提供贡献，那么在这个空间节点网络上存在一个空间经济极点，这个点具有较强的创新能力和增长能力，从而带动关联产业持续增长，进而实现经济整体增长。佩鲁的学生布代维尔（Boudeville）继续完善了佩鲁的思想。布代维尔认为，经济增长极的思想不仅跟经济空间范围有关，而且跟地理空间范围有关。他认为经济增长极应该具备两个必要条件：第一，在经济空间层面上，选择的产业或者部门具有强引领作用，能够带动其他产业共同发展；第二，在地理空间层面上，该区域在地理学角度应该具有便捷的区位优势，通过选择具有区位优势的城市或者地区，组建较为发达的道路交通设施，进而实现点轴贯通。经过两位经济学家的不断补充和完善，增长极理论得到学界认可。他们的贡献主要在于修订了新古典经济学的均衡发展理论，并将空间思想引渡到经济学范畴。总之，增长极理论是西方区域经济学中经济区域观念的基石，是不平衡发展论的依据之一。

二、循环累积因果理论

佩鲁的增长极理论解释了如何使优势产业发展，并带动其他产业一同发展的模式。但是，增长极理论也暴露出许多不利因素。在增长极理论的发展和推进过程中，经济发展落后地区的经济增长注定会缓慢、停滞，甚至倒退。基于这种思考，瑞典经济学家缪尔达尔（Myrdal）提出了循环累积因果理论。由于增长极理论的实践令不利于部分区域经济增长，缪尔达尔将这种现象称为"地理二元经济理论"。于是，他运用循环累积因果理论来阐述和破解地理二元经济理论。他认为对所有区域而言，经济增长并不是从空间上同时产生并且均匀扩散的，通常情况下是从具有较好的区位条件和要素条件的地方开始的。这些地方会因为自身优势和外界的积极作用，优先发展起来。由于其具有发展优势，同时拥有一定的积累条件，并不断地积累优势条件，之后就会出现循环积累。这一结果将会导致优势区域越来越强，其他区域发展越来越弱。长此以往，具有有利条件的区域，经济增长就会越来越快，增长速度也会快于其他发展区域，久而久之便形成了区域发展不平衡，进而形成地理二元经济结构。

在新古典增长理论中，有两个经典假设，分别是区域间要素完全流动性假设和区域同质性假设。地理二元经济理论有力地抨击了新古典增长理论，对新古典增长理论提出的假设进行了质疑。最大的质疑就是区域并非同质的。因为，在地理二元经济理论下，区域间经济会产生两种效应，分别是回流效应和扩散效应。回流效应指的是由于发展缺乏条件，经济欠发达区域的优质生产要素会流向经济发达的区域，从而会扩大区域经济发展差距。扩散效应指的是经济发达区域向经济不发达区域流动，进而缩小了区域经济发展差距，以上就是缪尔达尔提出的循环累积因果理论。基于此，他认为政府应该从相关政策出发，在经济发展的不同阶段，运用不同的调整政策，进而促进区域间均衡发展。否则，在经济初始时期，政府加快经济增长极的建设，循环累积因果将会极限式扩大贫富差距。

三、不平衡增长论

赫希曼（Hirschman，1958）认为经济发展本身就不是均衡发展，而是不均衡发展。经济发展在某一点处出现强有力推动时，就会形成以该点为中心的要素集聚，进而带动该点的经济发展。他认为经济发展本来就不应该是均衡进行的，应该由一个或者几个中心区域率先发展，这是经济发展的一般规律，也是经济发展的内在要求。于是，他将发展较快的初始区域称为核心区，将初始没有发展的区域称为边缘区，并提出了极化效应和涓滴效应。极化效应同回流效应类似，一般都会发生在经济发展的初始阶段。此时，边缘区域的要素都向中心区域流动，中心区域快速发展，贫富差距过大，贫富分化严重。在经济发展后期，中心区域会反过来补贴边缘区域，这种现象被称为涓滴效应，此时的涓滴效应类似于扩散效应，在涓滴效应的作用下，区域之间的差距会逐步缩小。这种不平衡的增长论虽然最终趋于均衡发展，但是不平衡发展才是常态。

四、收入差距的倒"U"型理论

之前介绍的几种区域非均衡理论都是不含有时间变量的理论，尤其是循环累积因果理论和赫希曼不平衡增长论。他们将区域发展趋同引入到了新的讨论空间，并且他们合理地质疑了市场机制能够自动调节区域发展不平衡的观点。经济发展趋势到底是趋同还是趋异，也由此引发了激烈的讨论。理论经济学界在关注趋同趋异的同时，实证经济学的代表人物库兹涅茨（Kuznets，1955）在其发表的论文中提出了新的观点，即收入差距的倒"U"型理论。威廉姆逊受库兹涅茨倒"U"型理论假说的启发，构建了区域发展不均衡的倒"U"型理论。他通过实证模型，分析出时间变量与区域发展差距的函数关系。用 X 轴表示时间，用 Y 轴表示区域发展的不平衡程度（见图 2-2）。

根据库兹涅茨的收入差距倒"U"型理论，经济发展初期收入差距不平等程度较低。当有外界干预时，优势区域经济快速发展，导致区域间发展出现不平衡。随着优势区域的不断发展，边缘区域不断受阻，从而导致区域间收入差距越来越大。经济发展后期，在涓滴效应的作用下，区域发

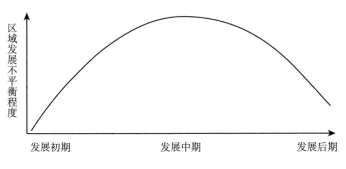

图 2 - 2　倒 "U" 型理论

展的不平衡程度又呈现出较低的水平，收入差距也逐渐缩小。本书受非均衡发展理论的启发，从区域发展不平衡性的角度考虑城镇家庭财富的差距，融合微观家庭层面和宏观区域层面因素，进而试图挖掘出形成城镇家庭财富差距的真实原因。

第四节　理论框架梳理

一、家庭非投资性收入对家庭财富的影响

家庭非投资性收入与家庭财富积累之间具有一定的联系。根据上述理论分析，家庭财富是由初始财富积累、当期家庭非投资性收入与投资收益组成。其中，家庭非投资性收入，即工薪收入。家庭非投资性收入可以被用于家庭消费，消费剩余之后的部分会被作为家庭储蓄，而家庭财富又跟家庭储蓄密切相关。家庭非投资性收入与家庭投资收益之和减去家庭消费，就会形成当期储蓄。所以说，家庭非投资性收入是家庭财富积累的重要来源。同时，在居民产生的储蓄中，有一类是由于居民的心理因素及其他突发事件，以防引致资金产生瞬间需求，这一类储蓄叫做预防性储蓄。预防性储蓄之所以重要，是因为预防性储蓄会形成预防性财富。由于预防性财富已经核算在家庭财富之中，加之其不是本书研究的重点，所以在此

不再着重考虑。综上所述，本书关注的重点问题之一就是家庭非投资性收入如何对家庭财富产生影响，并关注家庭非投资性收入差距所带来的家庭财富差距的问题。

二、投资对家庭财富的影响

之前的研究中，已经分析了当期家庭非投资性收入差距与家庭财富差距的问题。但是，我们还应该注意到，家庭的原始财富会产生投资收益，继而影响到家庭财富差距。所以，影响家庭财富差距的因素还应该包括家庭金融资产投资收益差距和家庭非金融资产投资收益差距。在一定程度上，这部分的投资收益同样会对家庭财富及家庭财富差距有一定影响。为了分散风险，实现投资收益最大化，投资组合理论被家庭广泛应用。同时，在不确定性状态下进行投资，期望效用最大化应该是投资的最终归宿。所以，家庭在进行资产投资时，会注重不同资产类型的投资以及不同资产市场的偏好选择。金融资产投资更加倾向于投资收益水平超过货币时间价值水平的产品，非金融资产投资更加倾向于较高投资回报的标的。为此，本书选择了股票基金作为金融资产投资的研究对象，并对金融资产投资影响家庭财富及财富差距进行分析。同时，选择房地产投资作为非金融资产投资的研究对象，对非金融资产投资影响家庭财富及财富差距进行分析。

三、区域发展对家庭财富的影响

区域发展的不平衡也是导致家庭财富产生差距的一个重要原因。宏观背景下，区域发展在一定程度上存在显著的差异性，这种差异性会引发家庭财富差距。区域发展不仅指区域经济发展水平，还应该包括区域地域关联情况、区域财政水平、区域税收等情况。根据增长极理论，经济增长在区域中某一点率先出现，而后根据经济的空间关系和区域的空间关系，形成辐射效应。有学者则认为，经济发展本身就不是平衡的，所以会出现发展差距等问题。其中，包含时间变量的收入差距倒"U"型理论对不平衡发展影响较大。本书就是在区域不平衡发展的基础上，分析区域发展对家庭财富及其差距的影响，进而从宏观层面提出提升家庭财富水平和缩小家庭财富差距的建议。

第 三 章

城镇家庭财富水平
与特征分析

　　随着国民经济的不断发展，居民收入水平持续提高，收入水平提高的同时也促进了居民家庭实现财富的积累。2020年4月，中国人民银行发布了中国城镇居民家庭资产负债情况，调查发现，中国城镇居民家庭净资产的均值为289万元，城镇居民家庭户均总资产为317.9万元。研究认为，城镇家庭财富水平是一个存量统计指标，由不同时期的资金流量之和构成。但是，目前有关家庭财富的测度衡量与比较方面，依旧存在不少分歧，至今也没有统一的标准去计算财富水平。梳理最新的研究成果，众多研究学者都利用家庭财富净值表示家庭财富水平，虽然这一方法不能很好地测算社会福利和财政的转移性支付，但似乎得到了学界大部分学者的认可。在2019年央行开展的相关调查中，就采用这一指标测算家庭财富水平。同样，随着微观数据的调查开展，运用微观数据分析科学问题已成为当下的研究热点。这条新的研究路径融合微观数据大样本的优点，继而通过大样本推断，更易达到研究目的。

　　目前，中国的微观调查数据集种类繁多，如北京大学发布的中国家庭追踪调查数据（CFPS）、中山大学发布的中国劳动力动态调查数据（CLDS）、中国人民大学发布的中国综合社会调查数据（CGSS），以及西南财经大学发布的中国家庭金融调查数据（CHFS）等。通过对调查设计、调查方案和调查问题等多方面进行比较，本章认为西南财经大学发布的中国家庭金融调查数据（CHFS）对城镇家庭财富问题的研究更具有针对性。该数据库从资产配置的角度出发，对中国家庭资产配置与投资等方面的调查更加具体和详尽。其中，2017 年调查数据涉及全国 29 个省份、355 个县（区、县级市）、1428 个村（居）委会，样本规模为 40011 户。样本数量繁多、区域分布广泛，具有代表性，且更易于分析和探究城镇家庭财富水平与差距形成的真实原因。因此，本章运用该数据库进行统计分析，以期在该数据库的基础上，整理出城镇家庭财富水平与特征，继而为后续章节的研究提供数据支撑。

第一节 城镇家庭财富概念的界定

家庭财富是一个存量概念指标，它由家庭和财富两个核心词汇组成。家庭作为最小的生产单位，既有别于个人，又有别于企业。对于个人消费者，微观经济学效用论认为消费者实现效用最大化时的消费者选择是均衡每一块钱的边际效用相等。对于企业生产者，微观经济学的生产论、成本论和市场论详尽阐述了企业在生产经营中如何获取利润最大化。家庭是由个人组成的集合体，是具有同一价值观念的群体。因此，家庭既具有个人效用最大化的特征，又具有企业利润最大化的诉求。家庭中的成员在博弈个体效用最大化的同时，又要兼顾家庭所创造的企业利润，即家庭非投资性收入情况。与企业盈利类似，家庭要想获得盈利，需要持续经营，不断获得家庭收入；同时，利用相关条件完成项目投资，以期获得投资收益和资产增值。由此可见，家庭财富的源头就是家庭非投资性收入或者是家庭成员投资带来的投资收益。本章也在最后详尽地阐述了家庭非投资性收入与家庭财富之间的关系。

在相关的研究中，家庭财富指一个家庭所拥有的财富总量。财富是一个存量概念，指的是某一家庭中所有资产的现值与所有负债的差额，即家庭资产净现值。家庭资产包括金融资产与非金融资产。家庭负债包含因经济活动举债而形成的各种负债。本章所研究的家庭财富的概念就是在家庭总资产和家庭总负债基础之上，测算出来的家庭净资产。因为中国二元经济结构特点，所以城镇和农村的家庭财富积累与增值实现方式迥然不同。为了能够使问题得到更加深入的挖掘和分析，本章仅研究城镇家庭财富问题。查阅历史文献，大部分学者划分家庭类型的重要依据是户籍所在地。但是，这种划分却存在着以下缺陷与不足。首先，户口在农村的家庭并非不参与城镇的生产活动。大部分农民工家庭户籍仍在农村，但是其基本已经融入城镇生活，完全抛弃农业劳作，尤其是新生代农民工。这部分家庭将自己的土地出租，获得收益；同时，常年居住在城市，吃、穿、住、行都已融入城市。从实际意义上来讲，这部分家庭已经是城镇居民家庭，倘若依据户籍划分，则可能会导致统计上存在偏差。其次，户口在城镇，但是常年居住在农村的居民家庭。原来是农村户口，因升学、政策规划等因素，家庭成员户口随迁到城镇，但是日常生活仍旧长期居住在农村。如果将其统计为城镇家庭，似乎又会使得研究样本扩大，同样也会造成统计偏差。基于以上两种情况的考虑，依据户籍所在地划分城镇居民和农村居民，对于问题的研究似乎不再合理。鉴于此，本章借鉴会计学中权责发生制的原则，以现实居住地为依据，划分城镇居民家庭和农村居民家庭。居住地位于城镇的居民家庭定义为城镇家庭，居住地位于农村的居民家庭定义为农村家庭。本章所研究的城镇家庭财富指的是居住地位于城镇的家庭净资产。CHFS 调查问卷中关于受访户的房子在哪些地方有 5 个选项：（1）大城市的城区；（2）大城市的郊区；（3）大城镇；（4）小城镇；（5）农村/乡镇。这5 个选项如果回答 1～4 中的任何一个选项，那么就假定该家庭为城镇居民家庭。

城镇家庭财富的构成及变化趋势分析

在中国家庭金融调查数据中，城镇家庭净资产内容主要包含家庭金融资产、家庭非金融资产以及家庭负债三部分内容。本章通过整理 CHFS 2017 年的数据，剥离出城镇家庭财富构成数据，通过比较 CHFS 2015 年与 CHFS 2017 年两年的追踪调查数据，分析城镇家庭财富的变化。在对 CHFS 2017 年的数据集进行数据整理时，首先筛选出城镇家庭，其次剔除财富测算数据中的无效填写，共获得 19798 条家庭数据。在对 CHFS 2015 年与 CHFS 2017 年两年的追踪调查数据进行整理时，首先，需要在对 CHFS 2017 年的数据库整理的基础上展开，利用家庭调查编码 hhid－2015 与 hhid－2017 进行匹配追踪；其次，再利用 CHFS 2015 年的数据表进行样本筛选；最后，筛选出连续两年的追踪调查数据。两年的追踪调查数据，都利用家庭净资产来表示家庭财富，整理的具体情况如下所述。

一、家庭金融资产构成及变化趋势

金融资产主要包含两大类，分别是风险性金融资产与无风险性金融资产。具体而言，风险性金融资产指的是收益不定、存在浮动收益率的金融资产，无风险性金融资产指的是收益确定、存在固定收益率的金融资产。众所周知，风险性与收益性成正比，通常风险性越高，收益性越好。在调查中发现，家庭金融资产共包含 11 类，分别是活期存款、定期存款、股票、基金、理财产品、债券、衍生品、非人民币资产、黄金、其他金融资产、现金与借出款。家庭金融资产为这 11 类产品的总价值之和。其中，股票、基金、债券、衍生品等为浮动收益产品，存在不确定性收益情况，故其为风险性金融资产；活期存款、定期存款、理财产品、非人民币资产、黄金、其他金融资产、现金与借出款为无风险性金融资产。这里需要说明的是理财产品和借出款，由于银行推出的大部分理财产品都是具有正收益的保本产品，虽然存在浮动收益，但其收益大概率为正，故不将其纳入风险性金融资产的概念中；借出款也会存在不归还的损失风险，其数量和金额都在家庭的可控范围内，再加之其含有人情因素，所以也不考虑为风险性金融资产。在回答问题中，因为隐私或者不知情等原因，受访者不能准确回答出具体的数字时，系统往往会给出该问题的数据区间范围，此时的受访者会根据自己的实际情况来选择一定的范围区间。为了弥补这样的缺失值造成的统计误差干扰，本章选择受访者回答的区间范围的中位数来替代具体数值，例如，［D1105it］关于"您家所有活期存款余额大概在哪个范围"的问题中，受访者回答 7 万 ~ 10 万元，则本章利用中位数 8.5 万元来替代。根据这样的数据处理方法，可以得到 2017 年城镇家庭金融资产的构成情况表，其描述性统计结果如表 3 – 1 所示。

表 3 – 1　　　　　　　　　2017 年城镇家庭金融资产构成情况

金融资产	风险性金融资产			无风险性金融资产						
	股票	基金	债券和衍生品	活期存款	定期存款	理财产品	非人民币资产	黄金	其他金融资产	现金与借出款
平均数（元）	26803	6494	1625	41821	34809	21116	651	690	288	29064
最小值（元）	0	0	0	0	0	0	0	0	0	0
最大值（元）	3×10^7	3×10^6	2×10^6	7.5×10^6	1.5×10^7	4×10^6	2×10^6	3×10^6	2×10^6	7.5×10^6
样本均方差	264570	78938	31164	162377	173767	116152	28844	25309	16210	154900
样本数量（个）	19798	19798	19798	19798	19798	19798	19798	19798	19798	19798

资料来源：2017 年中国家庭金融调查数据库。

　　表 3 – 1 给出了 2017 年城镇家庭金融资产的构成情况。在风险性金融资产中，家庭持有股票资产的平均数最大，数值为 26803 元。股票资产占城镇家庭风险性金融资产的 76.8%。家庭持有基金的平均数为 6494 元，仅股票和基金两项就占家庭风险性金融资产的 95.3%，这说明城镇家庭持有风险性金融资产的方式，更多的是通过持有股票和基金资产来实现。在

无风险性金融资产的描述性统计中，家庭持有活期存款的平均数额最大，其次为定期存款，现金与借出款的数额排在第三位。从原始数据来看，现金与借出款的非零条目大于活期存款中的非零条目，且大于定期存款中的非零条目。这说明，城镇家庭中持有定期存款的家庭数量较少，大部分家庭持有的是活期存款和现金与借出款，家庭更偏好于流动性较强的金融资产。

为了更好地分析家庭金融资产所处的百分比位置，本章把 19798 个家庭的金融资产数据按照由小到大进行排序，继续探究城镇家庭金融资产的比例分布情况（见表 3 - 2）。

表 3 - 2　　　　　　　城镇家庭金融资产比例分布情况

比例	平均数（元）	最大值（元）	最小值（元）	样本均方差
0 ~ 20%	1468	3500	100	978
20% ~ 40%	8496	17250	3500	3628
40% ~ 60%	34088	56500	17450	11804
60% ~ 80%	108294	200000	56500	37187
80% ~ 100%	664579	33000000	200000	987864

资料来源：2017 年中国家庭金融调查数据库。

表 3 - 2 给出了不同城镇家庭金融资产所处的百分比段位。按照 20% 的比例进行分组后发现，最富有的 20% 的家庭拥有家庭金融资产的平均数为 664579 元；最贫困的 20% 的家庭拥有家庭金融资产的平均数为 1468 元，相差 452 倍。其中，20% ~ 40% 组的家庭金融资产平均数为 8496 元，是最贫困组的 5.79 倍；40% ~ 60% 组的家庭金融资产平均数为 34088 元，是最贫困组的 23.22 倍；60% ~ 80% 组的家庭金融资产平均数为 108294 元，是最贫困组的 73.77 倍。

分组后从波动性上看，随着城镇家庭金融资产的数额不断增加，小组内部的样本均方差逐步扩大，从 978 扩大到 987864。这一统计数值说明，随着城镇家庭金融资产的扩大，组内家庭金融资产的差距逐步拉大。在最富有的 20% 人群中，家庭金融资产财富组内差距最大，而在最贫穷的 20%

人群中，家庭金融资产财富组内差距最小。

本章继续对 2015 年与 2017 年的家庭追踪数据进行分析。整理 CHFS 2015 年与 CHFS 2017 年两年的数据，获得 13018 条追踪数据。追踪家庭的含义是，这 13018 个家庭分别在 2015 年与 2017 年进行过调查，表 3-3 与表 3-4 是调查的整理结果。

表 3-3 城镇家庭风险性金融资产对比情况

类别	年份	股票	基金	债券	衍生品
平均数（元）		56531	9334	2817	103
最大值（元）	2015	32000000	4640000	1800000	400000
样本均方差		476737	90843	46763	4993
平均数（元）		24691	5830	1152	324
最大值（元）	2017	30000000	3000000	900000	2000000
样本均方差		297583	70123	19729	20730

资料来源：2015 年、2017 年中国家庭金融调查数据库。

表 3-4 城镇家庭金融资产对比情况

类别	年份	风险性金融资产	无风险性金融资产
平均数（元）		68785	176395
最大值（元）	2015	35750000	22600000
样本均方差		514876	585286
样本数量（个）		13018	13018
平均数（元）		31997	116462
最大值（元）	2017	30000000	7500000
样本均方差		313864	311700
样本数量（个）		13018	13018

资料来源：2015 年、2017 年中国家庭金融调查数据库。

表 3-3 是城镇家庭风险性金融资产对比分布情况。从平均水平看，家庭持有股票的平均数从 2015 年的 56531 元降低到 2017 年的 24691 元，降幅超过 1 倍。2015 年家庭持有的股票资产占风险性金融资产的比重为 82.19%，2017 年家庭持有的股票资产占风险性金融资产的比重为 77.17%。从追踪数据看，虽然股票持有的平均数量下降较大，但是持有股

票资产占风险性金融资产的比重并没有下降多少，也就是说，持有股票资产依旧是持有风险性金融资产的主要表现形式。而其绝对数额下降，或许跟股灾有直接关系。通过上述数据也发现，基金、债券等也都出现了大幅下降，但衍生品持有数量在上升。从波动情况来看，2017 年的数据波动水平都逐步减小，只有衍生品的波动水平在扩大。

表3－4 描述的是城镇家庭金融资产对比情况，从表中可以看出，2017 年与 2015 年相比，风险性金融资产的平均水平呈现出下降的趋势，下降幅度较大。其原因可能是为了规避风险因素带来的资产损益，而无风险性金融资产平均水平也出现下滑。仅从城镇家庭金融资产角度说，2017 年的城镇家庭金融资产比 2015 年有所下降。

二、家庭非金融资产构成及变化趋势

学术界一般定义家庭非金融性资产主要包括住房、汽车、家庭耐用品、奢侈品和生产经营性资产。但是在国民经济核算中，"汽车、家庭耐用品"一般被定义为耐用消费品。根据西南财经大学 CHFS 的调查结果，家庭非金融性资产主要有生产经营项目、房产与土地、车辆、其他非金融资产四类。其中，其他非金融资产包括奢侈品、古玩字画、金银首饰、珍稀动植物等，但是这类资产的价值只能采用市场价格估算的方法。因此，本章计算了城镇家庭的非金融资产情况，结果见表3－5。

表3－5　　　　　　　　2017 年城镇家庭非金融资产情况

类别	生产经营项目	房地产	车辆	其他
平均数（元）	29343	1339310	41052	23777
最小值（元）	0	0	0	0
最大值（元）	8500000	42500000	2000000	8002000
样本均方差	280818	2176771	113350	86147
样本数量（个）	19798	19798	19798	19798

资料来源：2017 年中国家庭金融调查数据库。

　　从表 3 - 5 可以看出，首先，在城镇家庭的非金融资产中，房地产的占比最高，就平均水平而言，房地产占到了家庭非金融资产的 93.4%，其在家庭非金融资产中，占绝对主导地位。在调查的家庭中，房地产的样本均方差也是最大的，说明差距最大。依靠房地产拥有的财富，似乎成为家庭非金融资产来源的核心。其次，车辆价值的平均值排在第二位，说明城镇家庭拥有的汽车价值也较多。最后，排在后面的分别是生产经营项目和其他资产，差别不大。

　　如表 3 - 6 所示，从所占百分比来看，最富有的 80% ~ 100% 组家庭拥有的非金融资产平均为 4909279 元，最贫困的 0 ~ 20% 组家庭拥有的非金融资产平均为 24489 元，相差 200 倍。其中，20% ~ 40% 组的家庭非金融资产平均数为 258369 元，是最贫困组的 10.55 倍；40% ~ 60% 组的家庭非金融资产平均数为 594358 元，是最贫困组的 24.27 倍；60% ~ 80% 组的家庭非金融资产平均数为 1361639 元，是最贫困组的 55.60 倍。从波动性看，家庭非金融资产的波动性跟金融资产的波动性类似，越富有的组别资产的波动性越大。比较家庭金融资产分组波动性和非金融资产分组波动性可以发现，家庭非金融资产的波动性更加明显和突出，差距也更大。

表 3 - 6　　　　　　　　城镇家庭非金融资产比例分布情况

比例	平均数（元）	最大值（元）	最小值（元）	样本均方差
0 ~ 20%	24489	120000	0	34779
20% ~ 40%	258369	400725	120000	81747
40% ~ 60%	594358	830000	400770	128567
60% ~ 80%	1361639	2150000	830000	389234
80% ~ 100%	4909279	30000400	2150010	2999172

　　资料来源：2017 年中国家庭金融调查数据库。

　　接下来，本章继续探索追踪城镇家庭的非金融资产的变动情况。根据 13018 个家庭的追踪调查数据，可以发现 2015 年与 2017 年的家庭非金融资产变动情况如下：从均值的角度来看，在所追踪家庭的非金融资产变动中，家庭生产性经营项目无明显变化；房地产财富均值从 2015 年的 1550090 元左右增加到 1657529 元左右；车辆资产也有所增加，但是房地产价值依旧占据主导地位（见表 3 - 7）。

表 3 - 7　　　　　　　　　　城镇家庭非金融资产变动情况

类别	年份	生产性经营项目	房地产	车辆	其他
平均数（元）	2015	25664	1550090	60577	44948
最大值（元）		8000000	66000000	2391000	12501000
样本均方差		250621	2565052	125170	268913
样本数量（个）		13018	13018	13018	13018
平均数（元）	2017	25820	1657529	114428	27322
最大值（元）		16000000	83000000	16200000	12002160
样本均方差		474749	3927546	397654	261625
样本数量（个）		13018	13018	13018	13018

资料来源：2015 年、2017 年中国家庭金融调查数据库。

三、家庭负债水平构成及变化趋势

在测算过家庭金融资产与家庭非金融资产之后，接下来重点分析家庭负债情况。家庭负债主要由家庭金融负债、家庭非金融负债、其他负债三部分构成。其中，家庭金融负债主要指的是家庭购买股票基金等金融资产导致的银行贷款或民间借款；家庭非金融负债主要指的是家庭购买房地产、企业经营等因素导致的银行贷款或民间借款；其他负债主要指的是教育或者医疗等因素导致的银行贷款或民间借款。民间借款主要指的是跟家庭成员的亲朋好友之间产生的借款。

2017 年的调查数据显示，城镇家庭的负债水平主要集中于非金融负债。从平均水平看，城镇家庭的非金融负债为 77019 元，教育医疗等其他负债为 5147 元，金融负债份额最少为 191 元。每个家庭的平均家庭负债为 82357 元，非金融资产负债占比约为 93%。并且，通过调查可知，非金融负债具有较大的波动性，且差异最大（见表 3 - 8）。

表 3 - 8　　　　　　　2017 年城镇家庭负债情况

项目	金融负债	非金融负债	其他负债
平均数（元）	191	77019	5147
最小值（元）	0	0	0
最大值（元）	500000	42000000	6000000
样本均方差	7008	530923	69656
样本数量（个）	19798	19798	19798

资料来源：2017 年中国家庭金融调查数据库。

如表 3 - 9 所示，在城镇家庭的非金融负债中，房产的负债水平最高，家庭平均负债额为 53982 元，家庭生产经营项目平均负债额为 19806 元。整体上看，导致城镇家庭产生负债的原因有两点：首先是家庭因为购买房产等因素导致的银行贷款与民间借款；其次是家庭生产经营导致的银行贷款与民间借款。这二者分别构成了城镇家庭负债总额的 65% 与 24%。

表 3 - 9　　　　　　2017 年城镇家庭非金融负债情况

项目	生产经营项目	房产	土地（商铺）	车辆	其他
平均数（元）	19806	53982	1068	1979	184
最小值（元）	0	0	0	0	0
最大值（元）	42000000	16700000	3000000	500000	400000
样本均方差	453770	255939	34416	15253	5368
样本数量（个）	19798	19798	19798	19798	19798

资料来源：2017 年中国家庭金融调查数据库。

通过上述分析可以发现，在城镇家庭资产与负债构成中，家庭风险性金融资产中的股票基金资产占据主导地位，家庭非金融资产中的房地产占据主导地位，这也为后续分析风险性金融资产投资和房地产投资奠定了基础。

四、城镇家庭财富的水平及变化趋势

在分析完家庭资产和家庭负债之后，接下来根据上述分析计算出城镇家庭财富水平。城镇家庭财富水平是城镇家庭的总资产与总负债的差额。具体地说，就是城镇家庭金融资产与城镇家庭非金融资产的和减去城镇家庭负债的值。从调查结果上看，2017年城镇家庭财富平均数额约为151.4万元。

上述统计数据表明，非金融资产对家庭财富的贡献水平最大。同样，产生的非金融负债也是最多（见表3-10）。城镇家庭的平均财富水平为1514070元，在不同组别之间的分布如表3-11所示。

表3-10　　　　　　　　　　2017年城镇家庭财富情况

项目	金融资产	非金融资产	金融负债	非金融负债	其他负债	家庭财富
平均数（元）	163362	1433482	191	77019	5147	1514070
最小值（元）	100	0	0	0	0	—
最大值（元）	33000000	42651000	500000	42000000	6000000	42660500
样本均方差	509550	2282684	7008	530923	69656	2434787

资料来源：2017年中国家庭金融调查数据库。

表3-11　　　　　　　　　　2017年城镇家庭财富比例分配情况

比例	平均数（元）	最大值（元）	最小值（元）	样本均方差
0 ~ 20%	4224	149110	– 35919500	669999
20% ~ 40%	285218	433000	149220	82416
40% ~ 60%	642159	905000	433000	134257
60% ~ 80%	1453542	2301000	905000	401662
80% ~ 100%	5158001	33502000	2301200	3187590

资料来源：2017年中国家庭金融调查数据库。

从城镇家庭财富分组数据的情况看，最贫困的20%家庭的财富水平平均值为4224元，究其原因可能存在两个方面：一是极端数据的影响，极少数家庭的巨额负债拉低了这部分家庭财富的平均水平；二是由于样本本身因素，该部分的样本家庭本身的财富数值就较小。从区间最值的统计上可以反映出，这部分家庭的最大家庭财富值不足15万元，同时，该部分家庭最低财富水平为 – 35919500元。最富有的20%的家庭的财富水平为5158001元，最大值为33502000元，最小值也有2301200元。城镇家庭财富差距悬殊，最富有分组的家庭财富平均水平是最贫困分组的 1200 多倍。从样本均方差的数据看，最富有与最贫困分组段的家庭内部其波动幅度都比较大。其中，最富有的分组段波动最大。如此巨大的家庭财富差距，究竟是如何形成的，后续章节将会作进一步分析。

本章关于家庭财富水平的计算结果与央行的调查数据存在差别的原因主要有以下几个方面：第一，统计口径不一致。央行在计算城镇家庭财富水平的时候，以城镇户口为判定城镇家庭的依据，而本章借鉴权责发生制的理念，以实际居住地为依据，这就导致了两种计算方法在计算城镇样本时发生了偏差。第二，调查时间不一致。央行依据的是 2019 年的城镇数据开展的调查研究，本章所选择的数据依据的是 2017 年西南财经大学开展的调查数据，并进行了数据加工和处理。第三，样本选择不一致。央行选择的样本是 3 万个典型的城镇家庭，涵盖 30 个省份。本章所选择的数据是 CHFS 的调查数据，涵盖 29 个省份，并含有追踪家庭。当然，两者在调查结果上也有诸多相似之处，这里不再展开论述。

第三节　城镇家庭财富的分布及趋势分析

一、不同区域的城镇家庭财富分布及趋势

根据前面的论证，可以看出城镇家庭财富水平跟区域密切相关，区域发展水平越高，越影响该区域的家庭非投资性收入，进而影响到城镇家庭财富。因此，城镇家庭的财富水平跟家庭所处的区位特点有直接关系。接下来，本节分析不同省份的城镇家庭财富情况，目的是辨析城镇家庭财富在不同区域中是否存在差异。

如表 3 - 12 所示，从区域角度看城镇家庭财富水平的情况可以得出，首先就平均水平而言，北京、上海、广东、天津、福建、浙江等地的城镇

家庭财富水平较高，吉林、黑龙江、宁夏、山西、重庆、湖南等地的城镇家庭财富水平较低。从省份内部来看，北京、广东、福建三地的省内城镇家庭财富差异较大，重庆、宁夏、吉林三地的省内城镇家庭财富差异较小。在调查的29个省份中，城镇家庭平均财富超过100万元的有10个省份，城镇家庭平均财富超过50万元的省份有26个。根据各省份所处的区位特征，本章节可以得出以下结论：首先，区域与区域之间具有明显的城镇家庭财富差异性；其次，越靠近沿海区域的省份，城镇家庭财富水平越高；再次，边缘地区和中部地区的城镇家庭财富水平较低；最后，北上广等一线城市，城镇家庭的财富水平具有绝对优势地位。

表3-12　　　　　　　　　　2017年不同省份城镇家庭财富情况

省份	平均数（元）	最大值（元）	样本均方差	省份	平均数（元）	最大值（元）	样本均方差
安徽	718894	8889041	1153892	江西	767322	8200000	966309
北京	4305107	32140000	4096510	辽宁	661537	30002900	1226733
福建	1965719	35200000	2768314	内蒙古	643684	5967500	818041
甘肃	607554	5882000	669205	宁夏	480889	4978000	550278
广东	2244924	36250000	3341018	青海	690642	11070300	987300
广西	732254	7994222	1074545	山东	1091372	7806000	1145450
贵州	682198	6810000	1060352	山西	557910	6042500	739938
海南	934424	24950000	2246591	陕西	811726	33502000	1662873
河北	1274619	11345000	1623274	上海	3632601	22278000	3115949
河南	934423	24950000	2246591	四川	855293	15575500	1220580
黑龙江	439907	10985000	745786	天津	2112893	42660500	2787191
湖北	1106097	26915000	1879100	云南	809103	10750000	1096675
湖南	594424	10730000	1649844	浙江	1837668	19978500	2181860
吉林	415849	6260000	616350	重庆	593084	4320000	636855
江苏	1805720	25964000	2289719	—	—	—	—

资料来源：2017年中国家庭金融调查数据库。

　　为了便于后续分析，本章把研究的29个省份分为三类区域。平均家庭财富位列前9名的为第一类区域，第10至第20名的为第二类区域，第

21 至第 29 名的为第三类区域。第一类区域为高财富家庭省份，即北京、上海、广东、天津、福建、浙江、江苏、河北、湖北；第二类区域为中财富家庭省份，即山东、海南、河南、四川、陕西、云南、江西、广西、安徽、青海、贵州；第三类区域为低财富家庭省份，即辽宁、内蒙古、甘肃、湖南、重庆、山西、宁夏、黑龙江、吉林。按照城镇家庭财富水平由高到低划分不同类型省份的目的主要有两个方面：首先是强化了研究省份之间的差异，将不同的省份进行划分，进而可以有效地分析差距问题；其次是课题研究的需要，为后续研究提供分组依据，同时有益于继续挖掘这种差异产生的原因。

二、不同户主年龄的城镇家庭财富分布及趋势

上一节讨论了区域层面的差异，即城镇家庭财富在区域层面存在的差异，接下来考虑这种差异是否在户主年龄层面也会存在。根据生命周期理论，不同年龄阶段的人们会有不同的特征属性。在城镇家庭财富的调查中，户主作为家庭重要的一员，对家庭的重大决策一般会起到决定性作用，探求不同户主年龄下的城镇家庭财富的分布情况，既可以为后续的论文研究提供数据基础，又可以从年龄分布角度探究城镇家庭财富异质性的问题。本节以人的生命特征为基础，为了更好地研究家庭财富的年龄分布情况，故将人的生命划分为 5 个阶段，分别是青年阶段（0～30 岁）、青中年阶段（31～40 岁）、中年阶段（41～50 岁）、中老年阶段（51～60 岁）、老年阶段（60 岁以上）。进而整理出不同户主年龄阶段下的城镇家庭拥有的财富水平，具体统计数据见表 3 - 13。

表 3 - 13　　　　　不同户主年龄阶段下的城镇家庭财富水平

年龄	平均数（元）	中位数（元）	最大值（元）	样本均方差
0～30 岁	1171574	426500	24017000	2208349
31～40 岁	1570295	729751	35200000	2553259

续表

年龄	平均数（元）	中位数（元）	最大值（元）	样本均方差
41~50 岁	1544210	624500	24450000	2497626
51~60 岁	1570565	631000	42660500	2533339
60 岁以上	1502939	625000	33502000	2311194

资料来源：2017 年中国家庭金融调查数据库。

通过对不同户主年龄段的城镇家庭财富进行统计分析，发现随着户主年龄的增加，城镇家庭平均财富水平变化不是很大。但是，不论哪个年龄段的户主，其家庭财富的平均数与中位数都相差较大，这说明家庭财富在不同的年龄段内部都存在着较大的差异性。由于家庭财富是存量概念，一般情况下会随着时间的积累不断增加，但从户主年龄的所在区间来看，户主年龄在 60 岁以上的家庭财富并不是最高的，其他户主年龄分组的家庭财富水平也不是很低。最低的是户主年龄在 0~30 岁的家庭，其家庭财富的平均水平为 117 万余元。较年轻的户主拥有较高的家庭财富水平，这可能与中国传统的习俗相关。我们猜测是父辈将部分家庭财富转移给子女，子女获得了代际转移性家庭财富。总之，通过上述分析可知，城镇家庭财富在不同的户主年龄分类背景下，差距并不是特别显著。通过数据也可以看出，在同一年龄组中，中位数和平均数差距甚远，组内的财富分布呈现出偏峰状态，这也为后续研究奠定了分析基础。

第四节 城镇家庭财富差距的特征及趋势分析

通过上述分析可以发现，城镇家庭财富水平具有明显的区域差异性，不同区域的城镇家庭财富差距较大，但是不具有明显的户主年龄差异性。同一区域或者同一年龄组内，家庭之间的财富差距水平都呈现出差距过大的特点。为此，本章借鉴之前的研究方法，利用分位数的差值表示城镇家庭财富差距状况。具体的计算方法为 DY 表示城镇家庭财富水平之间的差距，percent90 表示 90 百分位数，percent10 表示 10 百分位数，percent80 表示 80 百分位数，percent20 表示 20 百分位数，percent70 表示 70 百分位数，percent30 表示 30 百分位数。整理之后，得到下式：

$$DY_{90 \sim 10} = \ln\left[\text{percent90}(W) - \text{percent10}(W) \right]$$
$$DY_{80 \sim 20} = \ln\left[\text{percent80}(W) - \text{percent20}(W) \right] \quad (3.1)$$
$$DY_{70 \sim 30} = \ln\left[\text{percent70}(W) - \text{percent30}(W) \right]$$

其中，ln 表示对所研究的数值取对数。percent90（W）表示在这一群组中 90% 位置处的城镇家庭财富的值，percent10（W）表示在这一群组中 10% 位置处的城镇家庭财富的值。两者差值的对数表示这一群体中90~10 组的城镇家庭财富差值。其他指标的表述方法类似。

一、不同区域内部的城镇家庭财富差距及趋势

由于同一区域内部，城镇家庭财富差距明显。因此，接下来需要挖掘同一区域内部的差距问题。在相关的研究中，尹志超（2017）等利用 CHFS 的社区数据，分析了不同社区之间的差异情况。本节借鉴尹志超的研究思路，分析城镇家庭财富差距。首先，对数据进行差值计算，分别计算 90~10 分位点差距值、80~20 分位点差距值、70~30 分位点差距值，具体计算结果如表 3-14 所示。其次，构建回归模型，初步探析产生区域间城镇家庭财富差距的原因。

表 3-14　　　　　　　城镇家庭财富区域分位点差距

省份	90~10 分位点差距（元）	80~20 分位点差距（元）	70~30 分位点差距（元）	省份	90~10 分位点差距（元）	80~20 分位点差距（元）	70~30 分位点差距（元）
安徽	1503000	902000	522500	江西	1731500	1011700	539600
北京	9030000	6918000	3905500	辽宁	1271000	757400	418700
福建	5050300	2606500	1873352	内蒙古	1295400	804250	447000

续表

省份	90～10分位点差距（元）	80～20分位点差距（元）	70～30分位点差距（元）	省份	90～10分位点差距（元）	80～20分位点差距（元）	70～30分位点差距（元）
甘肃	1472300	788060	397600	宁夏	1011370	630500	356300
广东	6719700	3487000	1895246	青海	1335800	823880	517700
广西	1830700	968220	533500	山东	2474420	1377001	737400
贵州	1829000	883000	518600	山西	1200200	708500	427000
海南	2061400	1051000	690000	陕西	1877500	1082000	587250
河北	2997960	1860400	1145667	上海	7409000	4707000	2583000
河南	2061400	1051000	690000	四川	1856500	1115500	633000
黑龙江	976500	566800	339850	天津	4529200	2952500	1745800
湖北	2917750	1390500	791550	云南	2102110	1229800	671900
湖南	1372860	811570	488400	浙江	4225500	2618000	1545400
吉林	891910	516700	282200	重庆	1448500	805380	461650
江苏	3969340	2596500	1442000				

资料来源：2017年中国家庭金融调查数据库。

按照上述方法计算的各省份之间的分位点财富差距，结果显示，不论是90～10分位点差距、80～20分位点差距，还是70～30分位点差距，北京、上海、广东、福建、天津、浙江、江苏、河北、湖北等9个省份的差额一直都位于前列。这说明，这9个省份的省内城镇家庭财富之间存在较为悬殊的财富差距。与之对应，宁夏、甘肃与东北三省（吉林、黑龙江、辽宁）的分位点差距是最小的，说明省内财富差距较小。从描述性统计分析中可以看出，靠近沿海区域的省份内部城镇家庭差距较大，东北三省及中西部内陆地区的差距较小。为了探究差距产生的原因，本节利用普通最小二乘法进行回归分析，以期初步揭示区域间城镇家庭财富差距产生的原因。

如表3－15所示，本节选择了四个解释变量，用于解释同一区域内部城镇家庭财富差距产生的原因。这四个变量分别是区域户主的文化水平、区域已婚家庭所占比例、区域家庭平均工薪收入情况以及区域经济发展水平。在计算户主文化水平时，采用受教育年限赋值法。在给受教育年限赋值时，采用中国教育一般年限法，小学赋值为6，初中赋值为9，高中、中专、职高等赋值为12，大学本科赋值为16，硕士研究生赋值为19，博士研究生赋值为22。在此基础上，计算区域所有家庭户主的平均受教育年限，即为该区域户主的文化水平。婚姻属于虚拟变量，已婚赋值为1，其他情况赋值为0。区域家庭平均工薪收入指标用区域家庭平均工薪收入的对数表示，区域经济发展水平利用区域人均GDP指标来测算。模型1中被解释变量为90~10分位数区域城镇家庭财富差距，模型2中被解释变量为80~20分位数区域城镇家庭财富差距，模型3中被解释变量为70~30分位数区域城镇家庭财富差距。

表3-15　　　　　　　　　　　　研究变量说明与计算方法

研究变量	属性	计算方法
90~10分位数区域城镇家庭财富差距	因变量1	90百分位数与10百分位数之差的负对数
80~20分位数区域城镇家庭财富差距	因变量2	80百分位数与20百分位数之差的负对数
70~30分位数区域城镇家庭财富差距	因变量3	70百分位数与30百分位数之差的负对数
区域户主的文化水平	自变量	受教育年限
区域已婚比例	自变量	已婚家庭占比
区域家庭平均工薪收入	自变量	区域家庭平均工薪收入的对数
区域经济发展水平	自变量	区域人均GDP的取值

从回归结果中可以看出，三个模型拟合良好，系数大都通过了显著性检验。这说明，在分析区域内城镇家庭财富差距时，户主的文化水平、已婚情况、平均工薪收入、经济发展等都影响城镇家庭财富区域内部的差距。从回归系数大小上来看，婚姻状况是影响财富区域内部差距的主要因素，其次是家庭的平均工薪收入。但是在模型3中，家庭平均工薪收入状况这一变量没有通过检验，原因可能是由于样本量较小（见

表 3 – 16）。

表 3 – 16　　　　　　不同区域的城镇家庭财富差距的回归分析

自变量	模型 1	模型 2	模型 3
区域户主的文化水平	0.428 *** (3.46)	0.411 *** (3.78)	0.412 *** (17.53)
区域已婚比例	4.36 ** (2.50)	3.623 ** (2.36)	4.267 ** (2.36)
区域家庭平均工薪收入	0.801 ** (2.08)	0.842 ** (2.49)	0.651 (1.63)
区域经济发展水平	0.084 ** (2.57)	0.101 *** (3.51)	0.116 *** (3.41)
常数项	– 3.17 （ – 0.83）	– 3.465 （ – 1.04）	– 2.549 （ – 0.65）
调整 R^2	0.81	0.87	0.82
样本数量（个）	29	29	29

注：**、*** 分别表示 5%、1% 的显著性水平上通过检验，括号内为 t 统计量。

二、不同户主年龄内部的城镇家庭财富差距及趋势

通过表 3 – 17 可以看出不同户主年龄的城镇家庭财富差距水平。之前基于平均数的分析并没有发现户主年龄作为主要的分类变量来影响城镇家庭财富水平。但是，通过波动情况可以看出，户主年龄区间内部具有较大差异。为了更加准确地刻画不同年龄组的差距情况，本节继续细化户主年龄区间范围，继而探究年龄分组内部的财富差距水平。为了更加细化年龄分组，再次将年龄分组细化为 25 岁及以下、26～30 岁、31～35 岁、36～40 岁、41～45 岁、46～50 岁、51～55 岁、56～60 岁及 60 岁以上，这样将会更易于得出不同户主年龄组内的财富差距情况。

表 3－17　　　不同户主年龄的城镇家庭财富差距及金融资产差距

年龄分组	样本个数（个）	描述性统计量	家庭财富（元）	其中：金融资产（元）
25 岁及以下	441	平均数	1004312	130907
		90～10 分位数差距	2319752	205500
		80～20 分位数差距	1140600	96000
		70～30 分位数差距	689000	43220
26～30 岁	926	平均数	1251231	147630
		90～10 分位数差距	3363870	347500
		80～20 分位数差距	1646100	179000
		70～30 分位数差距	843000	93000
31～35 岁	1304	平均数	1513799	206264
		90～10 分位数差距	3962650	399500
		80～20 分位数差距	1863890	200500
		70～30 分位数差距	1021500	108098
36～40 岁	1562	平均数	1617460	173470
		90～10 分位数差距	4199500	417500
		80～20 分位数差距	2300000	210200
		70～30 分位数差距	1146000	107000
41～45 岁	2073	平均数	1551600	178263
		90～10 分位数差距	4147090	408000
		80～20 分位数差距	2065550	192000
		70～30 分位数差距	1100030	98000
46～50 岁	2370	平均数	1537746	188629
		90～10 分位数差距	4044500	458400
		80～20 分位数差距	2141000	206500
		70～30 分位数差距	1059700	99200
51～55 岁	2512	平均数	1507431	152364
		90～10 分位数差距	3985500	409620
		80～20 分位数差距	1979840	178000
		70～30 分位数差距	1016000	83500

续表

年龄分组	样本个数 （个）	描述性统计量	家庭财富 （元）	其中：金融资产 （元）
56～60 岁	1879	平均数	1654967	151692
		90～10 分位数差距	4544800	371000
		80～20 分位数差距	2641000	180250
		70～30 分位数差距	1360581	94200
60 岁以上	6731	平均数	1826320	150873
		90～10 分位数差距	3069400	254000
		80～20 分位数差距	1901745	129500
		70～30 分位数差距	968000	70000

资料来源：2017 年中国家庭金融调查数据库。

根据表 3 - 17 可以得出，在城镇家庭财富水平的 90～10 分位数差距中，56～60 岁组差距最大，差距为 4544800 元。在城镇家庭财富水平的 80～20 分位数差距中，56～60 岁组差距最大，差距为 2641000 元。在城镇家庭财富水平的 70～30 分位数差距中，56～60 岁组差距最大，差距为 1360581 元。整体可以看出，不同的分位数差距下，56～60 岁组的人群中，家庭财富差距一直最大；最小差距全部集中在 25 岁以下的群体中。这说明不同户主年龄组内部存在明显的财富差异。从平均数角度看，不同户主年龄段的财富差距呈现出波动性变化，即家庭平均财富水平随着年龄的不断增加，波动式上升或下降。上表中还给出了家庭金融资产的差异数据。通过对城镇家庭金融资产数据进行分析可知，不同年龄组家庭金融资产数据跟家庭财富迥然不同。从平均水平看，随着年龄组的不断增加，家庭金融资产呈现出橄榄形的分布特征，两头群组数值较小，中间群组数值较大。从 90～10 分位数差值看，户主年龄在 46～50 岁组的家庭持有金融资产差距最大。从 80～20 分位数差值看，户主年龄在 36～40 岁组的家庭持有金融资产差距最大。从 70～30 分位数差值看，户主年龄在 31～35 岁组的家庭持有金融资产差距最大。经过分析发现，组内差异最为明显的年龄组别是 56～60 岁。

通过上述分析可知，在不同户主年龄组内部存在着不同的财富与金融资产差距水平。从分位数角度看财富差异，家庭财富差距与家庭金融资产差距都很明显。

第五节　城镇家庭非投资性收入与家庭财富水平的关系

根据前面的论述，已经知晓城镇家庭财富的构成和差距情况，以及导致不同区域内的家庭财富差距情况。由于家庭收入的长期积累是形成城镇家庭财富的重要途径，所以城镇家庭财富跟家庭收入关系密不可分。我国从发行股票到建立资本市场就存在着按要素分配的情况。1997 年，在党的十五大报告中，政府把按劳分配和按生产要素分配结合起来，允许和鼓励资本、技术等生产要素参与收益分配。[1] 这样就使得按照要素禀赋分配的收入是合法的，同时也就使得收入存在差异性。具体来说，要素禀赋分为家庭要素禀赋和个人要素禀赋，家庭要素禀赋差异主要是家庭前期资金积累的现有资产水平差异，个人要素禀赋差异主要是个人的生长环境、受教育年限、劳动技能、性别、年龄等因素差异。由于不同的生产者、劳动者之间的个人要素禀赋不同，其薪资收入水平也不同。同样，家庭要素禀赋不同，也会带来家庭额外的收支变动。这是因为在家庭的现有资产水平条件下，持有的资产投资收益不同会导致家庭财富的积累程度不同。因此，按照要素禀赋分配，个人会因个人要素禀赋不同产生不同的劳动薪资收入，家庭也会因家庭要素禀赋不同产生不同的资产投资收益。这样，家庭的劳动薪资收入与家庭的资产投资收益的差异就导致了家庭财富的差距。

居民家庭中的生产要素，除了包含劳动力生产要素之外，更重要的部分就是以拥有金融资产生产要素和房地产生产要素占据主要地位的家庭要

---

[1]　李瑞记. 关于我国收入分配问题的理性思考［J］. 前沿，2002（1）.

素禀赋。要素投资带来的收益，激发了中国家庭投资的积极性。繁荣的股票市场和房地产市场都反映了中国家庭对投资的热情。由于中国部分家庭具有敏锐的投资视角，率先进行了风险性金融资产投资或者房地产投资，从而使得家庭财富得到迅速积累和提升。而其他的家庭将其持有的家庭资产进行了稳健的金融资产投资，如定期存款，这样就产生了投资收益差距。随着时间的延续，这种投资收益的差距便成为形成家庭财富差距的重要因素。我们将劳动力要素等非投资性因素带来的收入称为家庭非投资性收入，将资产要素投资带来的收入称为家庭投资收益。基于微观家庭视角考虑，家庭非投资性收入差距和家庭投资收益差距是家庭财富差距的根源。

由图3-1可知，家庭财富差距包含两部分内容，分别是家庭收入差距和家庭投资性收益差距。其中，家庭投资性收益差距又包含两部分内容，分别是家庭金融资产投资收益差距和家庭非金融资产投资收益差距。关于家庭投资性收入，即投资收益的问题，将会在第四章、第五章中进行详细分析。本节的目的是分析家庭非投资性收入对城镇家庭财富及财富差距的影响。

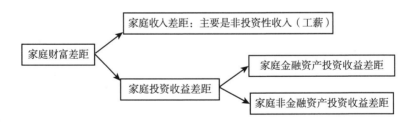

图3-1　微观视角下家庭财富差距分解

家庭收入按照类别可以分为工薪收入、人情往来礼金收入等。之前在理论基础中已经阐述了，人情往来礼金收入属于家庭与家庭之间的随机项调整，对于整个家庭整体来说，随机项调整的期望为零。所以，本节重点研究家庭收入，即家庭非投资性收入对家庭财富的影响，其中，家庭非投资性收入用家庭成员的工薪收入之和替代。根据研究目的，本节还需要考察的是不同区域之间、家庭收入差距与城镇家庭财富差距之间的关系。

城镇家庭财富的对数用字母 ln(JTCF) 表示，指的是城镇家庭财富的对数；家庭非投资性收入的对数用字母 ln(JTSR) 表示，指的是家庭工薪总收入的对数；家庭消费的对数用字母 ln(JTXF) 表示，指的是家庭全年消费的对数。先考虑家庭收入对家庭财富的影响，因此，研究设定的估计模型为：

$$
\begin{aligned}
\ln(\text{JTCF}) &= \alpha_0 + \alpha_1 \ln(\text{JTSR}) + \mu_1 \\
\ln(\text{JTCF}) &= \beta_0 + \beta_1 \ln(\text{JTSR}) + \beta_2 \ln(\text{JTXF}) + \mu_2 \\
\ln(\text{JTXF}) &= \delta_0 + \delta_1 \ln(\text{JTSR}) + \mu_3
\end{aligned}
\tag{3.2}
$$

式（3.2）主要考察了家庭非投资性收入与城镇家庭财富之间的关系，同时考察了家庭非投资性收入对家庭消费的影响。在研究家庭非投资性收入与城镇家庭财富之间的关系时，引入家庭消费作为控制变量，进而考察家庭消费对于城镇家庭财富的影响。采用普通最小二乘法进行回归分析，结果如表 3-18 所示。

表 3-18　　　　　　家庭非投资性收入与城镇家庭财富的关系

解释变量	家庭财富水平	家庭财富水平	家庭消费
家庭非投资性收入	0.593 *** (60.53)	0.409 *** (38.74)	0.255 *** (70.58)
家庭消费	—	0.740 *** (38.99)	—
常数项	6.508 *** (59.15)	0.459 ** (2.44)	8.107 *** (200.37)
调整 R^2	0.16	0.22	0.20

注：**、***分别表示 5%、1% 的显著性水平上通过检验，括号内为 t 统计量。

表 3-18 给出了家庭非投资性收入与城镇家庭财富之间关系的回归结果，所有系数均通过了显著性水平测试。从回归结果中可以看出，家庭非投资性收入对城镇家庭财富影响的弹性系数为 0.593，该系数表示当家庭

非投资性收入每增加 1 个百分点时，所带来的城镇家庭财富增加 0.593%。当引入家庭消费这一控制变量后，家庭非投资性收入对城镇家庭财富的弹性系数缩减为 0.409，即家庭非投资性收入每增加 1 个百分点时，所带来的城镇家庭财富增加 0.409%。从回归系数看，家庭消费对城镇家庭财富也有影响，这里暂时不讨论这种影响关系，原因是家庭财富与家庭消费之间本来就存在财富效应，这种财富效应在之前的文献综述中已经被整理，并不是本节研究的重点内容。为了检验凯恩斯消费函数，验证家庭非投资性收入对家庭消费的影响，本节又重新构造第三个回归模型，从而计算了边际消费弹性系数。结果表明，当家庭非投资性收入每增加 1% 时，家庭消费会增加 0.255%。

根据凯恩斯的消费理论，收入等于储蓄加消费。因此家庭收入（JTSR）就等于家庭储蓄（JTCX）加上家庭消费（JTXF）。边际消费倾向表示家庭收入每增加 1 元带来的家庭消费增加多少，一般情况下用 MPC 表示；边际储蓄倾向表示家庭收入每增加 1 元带来的家庭储蓄增加多少，一般情况下用 MPS 表示。鉴于此，本节定义边际财富倾向为家庭收入每增加 1 元带来的家庭财富增加多少，并用字母 MPW 表示。

根据凯恩斯的相关消费理论，可得：

$$\because \text{JTSR} = \text{JTXF} + \text{JTCX}$$

$$\therefore \frac{\text{JTSR}}{\text{JTSR}} = \frac{\text{JTXF}}{\text{JTSR}} + \frac{\text{JTCX}}{\text{JTSR}} \qquad (3.3)$$

$$\therefore 1 = \text{MPC} + \text{MPS}$$

又根据家庭收入的用途可知，除了消费之外就是储蓄，而储蓄最后等价于转化为新增家庭财富，故有以下证明：

$$\because \text{JTSR} = \text{JTXF} + \text{JTCF}$$

$$\therefore \frac{\text{JTSR}}{\text{JTSR}} = \frac{\text{JTXF}}{\text{JTSR}} + \frac{\text{JTCF}}{\text{JTSR}} \qquad (3.4)$$

$$\therefore 1 = \text{MPC} + \text{MPW}$$

所以，可以推出：MPS = MPW（边际储蓄倾向等于边际财富倾向）。

边际储蓄倾向是家庭收入减去家庭消费之后形成的；边际财富倾向是由家庭收入形成家庭储蓄，从而带来的家庭财富的增加。但是，家庭财富的增加不仅与家庭收入相关，而且还受到其他因素的影响，如家庭已有资产的投资收益也同样可以增加家庭财富。所以在考虑家庭收入对家庭财富影响的时候，需要将额外因素考虑到模型中；假设存在未知变量 X 同样也影响到家庭财富，这样当家庭财富受到变量 X 的影响时，这时的边际储蓄倾向和边际财富倾向也就不再相等。

$$JTXF = \alpha_0 + \alpha_1 JTSR + \varepsilon_1 \qquad (3.5)$$
$$JTCF = \beta_0 + \beta_1 JTSR + \varepsilon_2$$

式（3.5）中的 α_1 表示的是边际消费倾向，β_1 表示的是边际财富倾向。对所有研究变量中心化处理之后，模型的拟合结果如表 3 – 19 所示。

表 3 – 19　　　　　　　MPC 和 MPW 的模型拟合结果

名称	模型 1	模型 2
边际消费倾向（MPC）	0. 406 *** （61. 41）	—
边际财富倾向（MPW）	—	0. 393 *** （59. 21）

注：*** 表示1%的显著性水平上通过检验，括号内为 t 统计量。

通过实证分析可以看出，边际消费倾向（MPC）为 0. 406，边际财富倾向（MPW）为 0. 393。分别表示当家庭收入每增加 1 元时，家庭消费增加 0. 406 元；当家庭收入每增加 1 元时，家庭财富增加仅为 0. 393 元。边际消费倾向与边际财富倾向之和为 0. 799。由于 0. 799 小于 1，差值为 0. 201，所以说，除了家庭收入影响家庭财富之外，还有其他因素或者说未知因素影响家庭财富。这里的未知因素就是家庭投资收益或者是现有资产溢价，这部分收益或者溢价形成了储蓄，进而影响财富。

接下来，本节继续考虑家庭收入差距影响城镇家庭财富差距水平的情况。于是构建了家庭收入差距与城镇家庭财富差距的分析模型。用 $\Delta\ln$（JTCF）、$\Delta\ln$（JTSR）分别表示城镇家庭财富差距、家庭收入差距和家庭消费差距。模型设定为：$\Delta\ln(\text{JTCF}) = \alpha_0 + \alpha_1\Delta\ln(\text{JTSR}) + \mu_1$。鉴于上述分析，这里的区域城镇家庭财富差距依旧使用上节涉及的差距计算方法。其中，DY 表示差距水平，X 代表家庭财富、家庭收入。

$$DY_{90\sim10} = \ln[\text{percent}90(X) - \text{percent}10(X)]$$
$$DY_{80\sim20} = \ln[\text{percent}80(X) - \text{percent}20(X)] \quad (3.6)$$
$$DY_{70\sim30} = \ln[\text{percent}70(X) - \text{percent}30(X)]$$

从回归结果中可以看出，家庭非投资性收入差距显著影响了区域城镇家庭财富差距。在 90～10 的财富差距模型检验中，系数值 2.117 说明家庭非投资性收入差距每增加 1 个百分点，城镇家庭财富差距增加 2.117%。以此类推，实证结果说明所有的家庭非投资性收入差距对城镇家庭财富差距的弹性影响都为正，系数值都在 2.0 左右（见表 3-20）。

表 3-20　　　　家庭收入差距对区域城镇家庭财富差距的影响

变量名称	90～10 财富差距		80～20 财富差距		70～30 财富差距	
家庭收入差距	2.117*** (8.46)	1.602** (2.79)	2.357*** (7.67)	2.055*** (3.64)	2.265*** (6.09)	2.210*** (3.69)
常数项	-11.059 (-3.65)	-12.612*** (-3.70)	-13.176*** (-3.71)	-13.530*** (-3.72)	-11.433** (-2.79)	-11.614** (-2.61)
调整拟合优度	0.716	0.716	0.674	0.666	0.563	0.546

注：**、***分别表示 5%、1% 的显著性水平上通过检验，括号内为 t 统计量。

第六节　本章小结

本章对中国城镇家庭财富构成进行剖析，分析了家庭资产组成、家庭负债结构等情况，得出以下结论：首先，在家庭金融资产的构成中，风险性金融资产与无风险性金融资产存在显著差异。在风险性金融资产中，股票基金资产占有绝对地位；在无风险性金融资产中，活期存款与定期存款占比较大。由于风险水平和收益水平正相关，风险性较高的风险性金融资产带来的收益水平较高。因此，城镇家庭是否持有风险性金融资产成为影响其财富的重要因素。以此为基础，第四章对家庭是否拥有风险性金融资产投资以及家庭具备金融素养等情况展开研究，以期验证它们之间的关系。其次，在非金融资产的构成分析中，房地产占非金融资产的93.4%。在分组调查中，也发现组内存在较大的变异情况。房地产投资能否增加城镇家庭财富水平？第五章将会给出实证检验。再次，本章对不同区域内城镇家庭财富差距进行了分析；同时，也对不同户主年龄组内城镇家庭财富差距进行了分析。结果表明，不同区域和不同户主年龄不论是组间还是组内，都存在较为明显的差距。关于区域间的城镇家庭财富问题，即组间差距的形成与原因，将在本书第六章给出实证分析。最后，本章就家庭非投资性收入与城镇家庭财富之间的关系进行分析，结果表明家庭非投资性收入是形成家庭财富的重要组成部分，但并不是全部，还存在其他因素影响城镇家庭财富水平。

第 四 章

金融资产投资对城镇家庭财富的影响研究

在上一章中，主要测算了城镇家庭财富的水平，并系统性地考察了不同区域、不同户主年龄之间的城镇家庭财富水平和差距情况。金融资产作为城镇家庭资产的重要组成部分，多数家庭期望通过持有金融资产来增加家庭财富水平。金融资产由风险性金融资产和无风险性金融资产组成，其中无风险性金融资产具有风险小、收益小的特点，总是以较低收益率的形式存在，其对家庭财富的增幅影响较小；风险性金融资产与之相反，虽然投资存在一定的风险系数，但是其回报率较高，能够快速促进家庭财富积累。根据之前的研究，家庭选择股票基金投资是家庭持有风险性金融资产的一种重要方式，约占家庭风险性金融资产投资的95.3%。因此，从这一角度看，研究家庭金融资产投资对城镇家庭财富的影响，等价于研究风险性金融资产对城镇家庭财富的影响。本章以此为出发点，旨在分析风险性金融资产投资，即股票基金投资对城镇居民家庭财富的影响。一般来说，股票基金投资需要具备专业知识，因此本章也将关注家庭成员具备的金融素养水平，以及金融素养对城镇居民家庭财富的影响和影响路径等情况。

基于金融资产投资的实证模型设计

一、无条件分位数处理效应

分位数回归（quantile regression，QR）的思想是由科恩克和贝斯特（Koenker & Bassrtt，1978）最早提出的，其目的是在不同的分位点上考察解释变量对被解释变量的影响。分位数回归包含两种类型，分别是条件分位数回归和无条件分位数回归。条件分位数回归指的是具有某一特征属性的群组个体，考察某种解释变量变动对被解释变量的影响。而无条件分位数回归考察的是某种解释变量变动对整个被解释变量的无条件影响，或者称为边际影响。

当进行条件分位数回归时，条件分位数回归的处理效应计算方法如下。

设定研究变量 X 的分布函数为 F，则任取 $0 < \tau < 1$，则 $F^{-1}(\tau) = \inf\{x : F(x) \geq \tau\}$ 就为 X 的 τ 分位数。此时条件分位数回归的处理效应需计算的方程为：

$$\Delta_\tau = F_{Y_1}^{-1}(\tau) - F_{Y_0}^{-1}(\tau)$$

$$\Delta_\tau = F_{Y_1|x}^{-1}(\tau|x) - F_{Y_0|x}^{-1}(\tau|x) \qquad (4.1)$$

$$\Delta_\tau = \int \frac{\partial q_\tau(Y|X)}{\partial X} dF_{Y_1|x}^{-1}(\tau|x) - \int \frac{\partial q_\tau(Y|X)}{\partial X} dF_{Y_0|x}^{-1}(\tau|x)$$

式（4.1）通过积分的方式，可以获得条件分位数回归的处理效应。但是，无条件分位数回归不能够通过积分来获得处理效应。因为无条件分位数的期望一般不等于条件分位数的期望。鉴于此，在分析问题时，本章引入再中心化回归（recentered influence function，RIF）的方法。

借鉴已有文献，通过构建再中心化影响函数后，便可运用积分得到无条件分位数。无条件分位数处理效应的计算过程如下：

假设：

$$
\begin{aligned}
\mathrm{RIF} &= q_\tau + \frac{\tau - [y \leqslant q_\tau]}{f_Y(q_\tau)} \\
&= q_\tau + \frac{(\tau - 1) + [y > q_\tau]}{f_Y(q_\tau)} \\
&= \left[q_\tau + \frac{(\tau - 1)}{f_Y(q_\tau)} \right] + \left[\frac{1}{f_Y(q_\tau)} \right] [y > q_\tau] \\
&= \beta_{2,\tau} + \beta_{1,\tau} [y > q_\tau]
\end{aligned}
\tag{4.2}
$$

对 RIF 取期望，则：

$$
\begin{aligned}
&E[\mathrm{RIF}(y, F) \mid X = x] \\
&= E[\beta_{2,\tau} + \beta_{1,\tau}(y > q_\tau \mid X = x)] \\
&= \beta_{2,\tau} + \beta_{1,\tau} E[(y > q_\tau \mid X = x)] \\
&= \beta_{2,\tau} + \beta_{1,\tau} P(y > q_\tau \mid X = x)
\end{aligned}
\tag{4.3}
$$

如果是线性概论模型，则：

$$
\begin{aligned}
&P(y > q_\tau \mid X = x) = x'\gamma, \ [y > q_\tau] = x'\gamma + \mu \\
&\mathrm{RIF}(y; F_Y) = \beta_{2,\tau} + x'(\beta_{1,\tau}\gamma) + \beta_{1,\tau}\mu
\end{aligned}
\tag{4.4}
$$

由此可知，先进行 RIF 估计，然后用 RIF 的估计值对 X 做回归，得到的 $\beta_{1,\tau}\mu$ 就是无条件分位数处理效应。

二、中介效应模型

中介效应指的是当自变量 X 对因变量 Y 产生影响时，这种影响往往不是直接作用于因变量 Y，而是通过影响某一中介变量 M，进而才影响因变量 Y。这里的中介变量 M 发挥的作用就是中介效应。

$$Y = cX + \omega_1$$
$$M = aX + \omega_2 \tag{4.5}$$
$$Y = c'X + bM + \omega_3$$

从图 4 - 1 可以知道，变量 X 对变量 Y 的影响系数为 c，这里的 c 指的就是影响的总效应；当引入中介变量之后，自变量影响中介变量 M 的回归系数为 a；在式（4.5）的第三个方程中，影响系数分别是 c′和 b。如果上图中的系数 a、b、c 均显著，则说明存在中介效应。如果 c′不显著，则说明存在完全的中介效应。这种检验中介效应的方法称为逐步回归法。

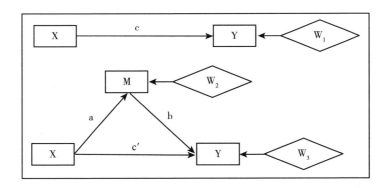

图 4 - 1　中介效应影响分解

三、Oaxaca-Blinder 分解模型

Oaxaca-Blinder 分解模型的构建基础是反事实框架。现实生活中，我们只能够观测到已经发生的事实情况，而无法观测到未发生的事实情况。但是由于研究的需要，构建反事实实验组，可以从虚拟架构上对实验组发生的效果进行评估。Oaxaca-Blinder 分解就是构建一个反事实组，将组别差异分为可解释部分与不可解释部分。下面通过数学模型进行论述。

假设有 A、B 两个群组，它们的回归方程设计如下：

$$\ln Y^A = X_A \beta_A \tag{4.6}$$

$$\ln Y^B = X_B \beta_B$$

想要分析 A、B 两个群组之间的差异，则需要计算 $\ln Y^A - \ln Y^B$，此时需要构造一个反事实组，被视为 B 的 A，$Y^C = X_B \beta_A$。

$$
\begin{aligned}
\ln Y^A - \ln Y^B &= (\ln Y^A - \ln Y^C) + (\ln Y^C - \ln Y^B) \\
&= (X_A \beta_A - X_B \beta_A) + (X_B \beta_A - X_B \beta_B) \\
&= \beta_A (X_A - X_B) + (\beta_A - \beta_B) X_B
\end{aligned}
\tag{4.7}
$$

$\beta_A(X_A - X_B)$ 这部分差距是由于 A、B 两个群体本身的属性而产生的差距。$(\beta_A - \beta_B)X_B$ 这部分差距是由于 A、B 的回报系数不同，即 $\beta_A \neq \beta_B$ 带来的差异，即歧视产生的原因。

根据所介绍的三种方法，以探求金融资产投资对城镇家庭财富的影响为出发点，本章整理了研究思路，具体的研究思路如图 4-2 所示。

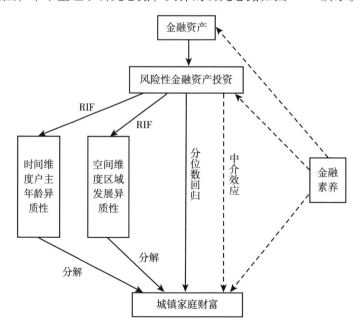

图 4-2　研究思路框架

第二节 数据来源与变量选取

根据研究目的，本章研究的重点是探究金融资产投资对城镇家庭财富的影响。其中，把金融资产投资定义为风险性金融资产投资，即股票基金投资，研究对象是城镇家庭。假设城镇居民家庭拥有风险性金融投资，即购买股票或者基金，则该类家庭取值标记为 1；否则，家庭类型取值标记为 0。研究的数据来源于西南财经大学发布的 CHFS 调查数据。将全部控制变量引入后，剔除缺失值部分，最终研究的家庭数目为 19527 个家庭（见表 4 - 1）。

表 4 - 1 研究样本的描述性统计

变量	观测值（个）	平均数	最小值	最大值	标准差
被解释变量					
家庭财富水平	19527	13.304	- 16.966	18.262	4.060
家庭金融资产水平	19527	10.880	5.298	18.005	2.172
关注变量					
风险性金融资产投资	19527	0.121	0.000	1.000	0.326
控制变量					
户主年龄	19527	53.492	3.000	117.000	15.196
户主年龄的平方/100	19527	30.923	0.090	136.890	16.671
性别	19527	0.735	0.000	1.000	0.441
受教育年限	19527	11.225	0.000	22.000	3.908
婚姻状况	19527	0.839	0.000	1.000	0.368
家庭收入水平	19527	11.136	0.049	15.425	1.296
人均 GDP	19527	6.069	2.841	12.668	2.759

假设 A 表示的是城镇居民家庭财富，如果用 lnA 表示城镇家庭财富的对数，虽然在一定程度上减少了异方差的发生，但是其前提条件为 $A > 0$，这样就与事实不符。事实上，城镇家庭财富的取值可以为零甚至为负，本章在这里进行反双曲正弦转换。反双曲正弦转换的公式如下：

$$A'(\theta) = \ln\left[A + (A^2 + 1)^{1/2} \right] \tag{4.8}$$

从样本的描述性统计分析可以看出，城镇家庭财富水平的取值有负数，是由于家庭中负债较多而产生。但家庭金融资产的取值都为正值，这说明家庭中不存在金融资产为负数的情况。金融资产的核算范围已明确告知家庭金融资产不存在负值，即家庭中总会有部分银行存款或者活期存款、现金等，这也与现实情况相符。从统计数据看，在调查的 19527 个家庭中，有 12.1% 的家庭拥有风险性金融资产。其中，设定性别变量男性为 1、女性为 0，受教育年限、婚姻状况等的计算同第三章。

第三节 风险性金融资产投资对城镇家庭财富的影响

本部分所采用的实证分析方法为分位数回归，分位数回归的优势在于可以从大量差异的样本中提取差异性分布，进而挖掘到样本的结构性特征。本章同时借鉴已有的观点，模型设定为：

$$JTCF = \beta_0 JRTZ + Z\gamma + \delta$$
$$JTCF = \ln\left[Wealth + (Wealth^2 + 1)^{1/2} \right] \qquad (4.9)$$
$$Q^T = 0$$

$$JRCF = \beta_0 JRTZ + Z\gamma + \omega$$
$$JRCF = \ln\left[FWealth + (FWealth^2 + 1)^{1/2} \right] \qquad (4.10)$$
$$M^T = 0$$

在式（4.9）与式（4.10）中，Wealth 表示城镇家庭财富水平值，FWealth 表示城镇家庭金融资产水平值。JTCF 为反双曲正弦转换之后的城镇家庭财富水平，JRCF 为反双曲正弦转换之后的城镇家庭金融资产水平。JRTZ 表示家庭是否从事股票基金投资，Z 表示家庭特征变量等控制变量。δ、ω 指的是家庭个体之间的残差，Q^T、M^T 指的是残差 δ、ω 的 T 分位数。这里的控制变量 Z 包含户主年龄、户主年龄的平方/100、性别、受教育年限、婚姻状况、所在区域的人均 GDP、家庭收入水平。

风险性金融资产投资对家庭财富的影响具有异质性。通过分位数回归，可以挖掘出结构差异性影响（见表4-2）。本章选择了0.25、0.3、0.4、0.5、0.6、0.7、0.75等7个点作为分位点。风险性金融资产投资在低分位点25%水平上，其回归系数值为0.579，即该部分家庭的风险性金融资产投资对家庭财富增加的边际效应为0.579，表示家庭如果从事风险性金融资产投资行为，则城镇家庭财富就会增加0.579个单位。风险性金融资产投资在高分位点75%水平上，其回归系数值为0.426，即该部分家庭参加风险性金融资产投资带来的家庭财富增加边际效应为0.426。从趋势角度来看，随着分位数回归的分位点数的增加，风险性金融资产投资给家庭财富带来的边际增长效应在减弱。这说明财富低分位组家庭更倾向于寻求风险性金融资产投资，以期获取较高的投资回报。

表4-2　　　　　　风险性金融资产投资对家庭财富的分位数回归

城镇家庭财富水平	q25	q30	q40	q50	q60	q70	q75
风险性金融资产投资	0.579 *** (14.62)	0.530 *** (16.06)	0.476 *** (17.53)	0.455 *** (21.36)	0.446 *** (20.99)	0.426 *** (14.17)	0.426 *** (15.46)
户主年龄	0.095 *** (12.66)	0.089 *** (13.03)	0.056 *** (10.32)	0.041 *** (9.21)	0.031 *** (7.15)	0.023 *** (4.74)	0.023 *** (5.47)
户主年龄的平方/100	-0.076 *** (-11.36)	-0.071 *** (-11.73)	-0.042 *** (-8.48)	-0.031 *** (-7.45)	-0.022 *** (-5.59)	-0.015 *** (-3.54)	-0.016 *** (-4.27)
性别	-0.056 (-1.42)	-0.060 * (-1.95)	-0.083 *** (-3.47)	-0.093 *** (-4.78)	-0.078 *** (-4.49)	-0.726 *** (-3.34)	-0.078 *** (-3.46)
受教育年限	0.114 *** (16.63)	0.099 *** (17.39)	0.083 *** (18.53)	0.071 *** (18.73)	0.063 *** (19.98)	0.059 *** (18.49)	0.061 *** (19.56)
婚姻状况	0.695 *** (7.35)	0.458 *** (5.06)	0.269 *** (5.88)	0.178 *** (5.32)	0.162 *** (6.10)	0.103 *** (2.88)	0.101 *** (2.84)
家庭收入水平	0.726 *** (31.44)	0.642 *** (32.44)	0.533 *** (30.88)	0.455 *** (32.99)	0.400 *** (27.41)	0.337 *** (19.33)	0.299 *** (21.77)
所在区域的人均GDP	0.132 *** (22.00)	0.146 *** (32.29)	0.164 *** (51.86)	0.175 *** (62.70)	0.180 *** (80.62)	0.180 *** (82.07)	0.180 *** (75.16)

城镇家庭财富水平	q25	q30	q40	q50	q60	q70	q75
常数项	−0.614 ** (−1.96)	1.055 *** (3.56)	3.846 *** (15.29)	5.575 *** (28.25)	6.757 *** (34.55)	0.426 *** (14.17)	8.657 *** (46.18)
Pseudo R^2	0.12	0.12	0.14	0.16	0.17	0.18	0.19
有效样本数量（个）	19527	19527	19527	19527	19527	19527	19527

注：*、**、*** 分别表示在10%、5%、1%的显著性水平上通过检验，括号中为t统计量。

从控制变量的系数取值来看，只有性别在某几个模型中表现出了系数不显著的特征，大部分情况下都通过了检验。就婚姻状况而言，结婚对财富低分位组家庭具有显著的积极影响，影响程度要高于财富高分位组家庭，并且这种影响具有趋势性。从所在区域的人均GDP这一指标可以看出，经济发展对于财富高分位组家庭的影响较大，其中可能的原因是财富高分位组家庭似乎拥有更多机会分享经济发展的成果，这一假设命题将会在第六章中继续讨论。户主的文化水平即受教育年限，对财富的影响程度是先下降、后上升，这说明教育在一定程度上对财富低分位组家庭和财富高分位组家庭的财富积累影响较大。由于其系数均为正值，这也表明户主的受教育年限对城镇家庭的财富影响始终是积极状态。

通过上述分析，我们知道风险性金融资产投资能够增加城镇家庭财富水平，并且其他控制变量的影响也较为显著。接下来本章继续验证风险性金融资产投资是否通过增加家庭金融资产，继而使城镇家庭财富水平增加，即讨论风险性金融资产投资对家庭金融资产的影响，使用的实证方法仍是分位数回归。

如表4−3所示，在不同的分位数条件下，风险性金融资产投资对家庭金融资产的影响都显著为正，且系数值较大。这说明从事风险性金融资产投资对增加家庭金融资产积累具有积极作用。从趋势走势的情况看，金融资产低分位组家庭的风险投资带来的边际效应要显著高于金融资产高分位组家庭。在0.25分位数处的边际效应为2.377，在0.75分位数处的边际效应为 1.265。从控制变量的系数看，人均 GDP 对家庭金融资产的影响，随着分位数的不断提高，影响程度越来越大。与之恰巧相反的是，随着分位数的不断提高，家庭收入对家庭金融资产的影响情况越来越小。从户主年龄角度看，年龄只在金融资产低分位组家庭有显著效应，并且这种效应显著为负。这表明在金融资产低分位组家庭中，户主年龄越大反而越不利于家庭金融资产的积累。通过比较表 4－2 和表 4－3 可知，在任何分位数条件下，风险性金融资产投资既对家庭金融资产积累具有积极作用，同时又对家庭财富积累起到积极作用。但是，风险性金融资产投资对家庭金融资产的影响程度大于其对家庭财富的影响程度。既然风险性金融资产投资能够影响到城镇家庭财富水平，而风险性金融资产投资往往需要较强的专业知识与素养，那么城镇家庭在进行风险性金融资产投资时，专业知识储备方面是否存在差异性呢？本章接下来将重点考察家庭具备的金融专业知识水平，即家庭金融素养是否通过影响家庭风险性金融资产投资，进而影响城镇家庭财富水平。

表 4－3　　　　　　风险性金融资产投资对家庭财富的分位数回归

城镇家庭金融资产	q25	q30	q40	q50	q60	q70	q75
风险性金融资产投资	2.377 *** (46.57)	2.225 *** (40.22)	1.912 *** (5.29)	1.641 *** (37.09)	1.466 *** (8.96)	1.325 *** (14.06)	1.265 *** (28.76)
户主年龄	−0.232 *** (−2.68)	−0.016 ** (−2.12)	−0.004 (−0.44)	−0.002 (−0.23)	−0.004 (−0.55)	0.000 (−0.10)	−0.004 (−0.56)
户主年龄的平方/100	0.017 ** (2.17)	0.011 (1.59)	0.003 (0.40)	0.005 (0.72)	0.009 (1.30)	0.007 (1.13)	0.010 (1.67)
性别	0.155 *** (3.55)	0.178 *** (3.66)	0.222 *** (4.91)	0.201 *** (4.37)	0.200 *** (5.32)	0.181 *** (4.56)	0.172 *** (5.06)
受教育年限	0.088 *** (15.08)	0.095 *** (14.74)	0.107 *** (19.21)	0.108 *** (18.72)	0.100 *** (18.21)	0.097 *** (17.63)	0.095 *** (19.20)
婚姻状况	0.172 *** (3.13)	0.187 *** (3.51)	0.167 *** (2.79)	0.144 ** (2.24)	0.177 *** (3.12)	0.158 *** (3.09)	0.150 *** (3.11)
家庭收入水平	0.592 *** (21.62)	0.586 *** (20.89)	0.572 *** (23.39)	0.551 *** (20.77)	0.518 *** (18.95)	0.453 *** (19.55)	0.415 *** (17.42)

续表

城镇家庭金融资产	q25	q30	q40	q50	q60	q70	q75
所在区域的人均 GDP	0.060 *** (10.55)	0.070 *** (11.84)	0.080 *** (14.34)	0.087 *** (17.08)	0.088 *** (21.54)	0.088 *** (18.00)	0.091 *** (20.15)
常数项	1.788 ** (4.46)	1.798 *** (4.68)	1.912 *** (5.29)	2.484 *** (6.47)	3.447 *** (8.96)	4.576 *** (14.06)	5.361 *** (15.97)
Pseudo R^2	0.18	0.19	0.19	0.18	0.18	0.18	0.17
有效样本数量（个）	19527	19527	19527	19527	19527	19527	19527

注：** 、*** 分别表示在 5% 、1% 的显著性水平上通过检验，括号中为 t 统计量。

第四节　金融素养对城镇家庭财富的影响

经过上述分位数回归的实证分析，可以得出家庭风险性金融资产投资对家庭财富具有积极的正向影响作用，同时其对家庭金融资产也具有积极的正效应。本节继续探讨家庭成员的金融素养是否也对家庭财富或家庭金融资产有积极的影响，以及金融素养是否通过影响家庭风险性金融资产投资，进而影响家庭财富或家庭金融资产，也就是影响路径的研究。为此，本节预计采用两种实证方法，分别是分位数回归与中介效应检验模型。

在 CHFS 的调查问卷中，对于家庭是否具备金融知识进行了相关调查。本章梳理问卷中的相关问题，提取问卷中关于金融知识的五个问题。如果答对其中的一个问题记 1 分，答对 5 题记 5 分，答错、多选或者漏选均记为 0 分。在整理相关问卷后，共得到 19527 个家庭的金融素养样本数据。本节用 FinanceQ 表示金融素养，根据研究目的，设定以下待估方程：

$$JTCF = \phi_0 FinanceQ + Z\eta + \upsilon$$
$$JTCF = \ln\left[Wealth + (Wealth^2 + 1)^{1/2} \right] \tag{4.11}$$
$$N^T = 0$$

$$JRCF = \phi_0 FinanceQ + Z\eta + \upsilon$$

$$JRCF = \ln\left[FWealth + \left(FWealth^2 + 1 \right)^{1/2} \right] \qquad (4.12)$$

$$W^T = 0$$

在该模型中，JTCF 为反双曲正弦转换之后的城镇家庭财富水平，JRCF 为反双曲正弦转换之后的城镇家庭金融资产水平。FinanceQ 表示家庭金融素养得分，Z 表示家庭特征变量等控制变量。υ 指的是家庭个体之间的残差，N^T、W^T 指的是残差 υ 的 T 分位数。这里的控制变量 Z 依旧包含户主年龄、户主年龄的平方/100、性别、受教育年限、婚姻状况、所在区域的人均 GDP、家庭收入水平即家庭投资性收入等因素。研究变量的描述性统计如表 4-4 所示。

表 4-4　　　　　　　　研究变量描述性统计分析

变量	观测值	平均数	最小值	最大值	标准差
被解释变量					
家庭财富水平	19527	13.304	-16.966	18.262	4.060
家庭金融资产水平	19527	10.880	5.298	18.005	2.172
关注变量					
金融素养	19527	1.617	0.000	5.000	0.903
控制变量					
户主年龄	19527	53.492	3.000	117.000	15.196
户主年龄的平方/100	19527	30.923	0.090	136.890	16.671
性别	19527	0.735	0.000	1.000	0.441
受教育年限	19527	11.225	0.000	22.000	3.908
婚姻状况	19527	0.839	0.000	1.000	0.368
家庭收入水平	19527	11.136	0.049	15.425	1.296
所在区域的人均 GDP	19527	6.069	2.841	12.668	2.759

表 4-4 详细地描述了各个变量的取值范围及波动情况，同时给出样本均值。在金融素养变量的描述性统计中，每个家庭平均答对题目数为

1.617。从均值看，家庭的平均金融素养水平较低。本节分别以城镇家庭财富水平和城镇家庭金融资产水平为被解释变量，以金融素养为核心解释变量，之后加入控制变量，并在 0.25、0.3、0.4、0.5、0.6、0.7、0.75 等分位点进行分位数回归，实证分析结果如表 4-5 所示。

表 4-5 金融素养的边际财富积累分位数回归

分位数	q25	q30	q40	q50	q60	q70	q75
金融素养对城镇家庭财富的影响	0.144 *** (7.15)	0.117 *** (6.08)	0.099 *** (7.29)	0.071 *** (6.11)	0.075 *** (6.99)	0.083 *** (7.93)	0.083 *** (7.71)
金融素养对城镇家庭金融资产的影响	0.292 *** (11.99)	0.304 *** (12.31)	0.305 *** (11.92)	0.303 *** (11.8)	0.280 *** (13.6)	0.270 *** (13.26)	0.268 *** (13.3)
有效样本数量（个）	19527	19527	19527	19527	19527	19527	19527

注：*** 表示在 1% 的显著性水平上通过检验，括号中为 t 统计量。

从分位数回归结果中可以看出，金融素养对城镇家庭金融资产与城镇家庭财富都有显著的积极作用。家庭金融素养的增加能够直接影响城镇家庭财富的边际积累。以上两种影响关系的系数全部为正，这说明具备金融素养的家庭更能够使得城镇家庭财富或家庭金融资产增加。金融素养是衡量家庭中具有金融专业知识的指标，参与风险性金融资产投资又需要具备金融专业知识。那么，金融素养究竟是通过何种途径来影响家庭财富水平呢？接下来本节讨论金融素养对于家庭财富的影响是否通过风险性金融资产投资这一中介变量来实现。

本节运用两种方法检验中介效应是否存在，分别是逐步回归系数法和结构方程法。逐步回归系数法通过三次回归得出中介效应、直接效应与总效应。逐步回归系数检验的过程共分为三步：第一步构建回归模型 1，模型 1 中的回归变量为城镇家庭财富水平与金融素养；第二步构建回归模型 2，模型 2 中的回归变量是风险性金融资产投资与金融素养；第三步构建回归模型 3，模型 3 中的回归变量是城镇家庭财富水平与风险性金融资产投资和金融素养。具体的回归结果如表 4-6 所示。

表 4 - 6　　　　　　　　风险性金融资产投资（家庭财富）

中介效应检验——逐步回归法

变量	模型 1	模型 2	模型 3
因变量	城镇家庭财富水平	风险性金融资产投资	城镇家庭财富水平
金融素养	0.455 *** (14.21)	0.046 *** (18.03)	0.372 *** (11.65)
风险性金融资产投资	—	—	1.791 *** (20.23)
常数项	12.57 *** (212.10)	0.046 *** (9.72)	12.486 *** (212.38)
中介效应	0.0823（1.791 × 0.046）		
中介效应占比	18.10%（0.0823/0.455）		

注：*** 表示在 1% 的显著性水平上通过检验，括号中为 t 统计量。

在模型 1 中，城镇家庭财富水平与金融素养之间关系显著，其回归系数在 1% 的显著性水平上通过检验，系数值为 0.455。在模型 2 中，金融素养具有促进风险性金融资产投资的可能，系数值为 0.046。当模型 3 加入风险性金融资产投资变量后，变量都是在 1% 的显著性水平上通过检验。与模型 1 对比，发现金融素养与城镇家庭财富水平之间的关系系数变小，其值为 0.372。风险性金融资产投资与城镇家庭财富水平之间的系数为 1.791。这就表明，在金融素养与城镇家庭财富水平之间，风险性金融资产投资起到了中介效应。金融素养通过影响风险性金融资产投资以提高城镇家庭财富水平的间接效应为 0.082，即中介效应为 0.082，在总效应中的比重为 18.10%。经过逐步回归检测，结果表明，风险性金融资产投资在金融素养影响城镇家庭财富水平的路径中，中介效应占比 18.10%。

本节继续验证金融素养是否通过影响风险性金融资产投资进而影响家庭金融资产。本部分采用结构方程的方法检验中介效应。采用结构方程法与逐步回归法做中介效应检验的区别在于，结构方程法能够直接得出直接效应、间接效应和总效应。另外，检验方法的多样性可以从另一方面提升检验结果的可靠性。具体结果如表 4 - 7 所示。

表 4 - 7　　　　　　　风险性金融资产投资（家庭金融资产）

中介效应检验——结构方程法

因变量	自变量	常数	标准差	Z统计量	P 值	95%的置信区间	
						下限	上限
直接效应							
金融资产							
	风险性金融资产投资	2.443	0.044	56.00	0.000	2.357	2.528
	金融素养	0.394	0.016	25.05	0.000	0.363	0.425
风险性金融资产投资							
	金融素养	0.046	0.003	18.03	0.000	0.041	0.051
间接效应							
金融资产							
	金融素养	0.113	0.007	17.16	0.000	0.099	0.126
总效应							
金融资产							
	风险性金融资产投资	2.443	0.044	56.00	0.000	2.357	2.528
	金融素养	0.507	0.017	30.15	0.000	0.474	0.540
风险性金融资产投资							
	金融素养	0.046	0.003	18.03	0.000	0.041	0.051

从直接效应表中可以看到，风险性金融资产投资影响金融资产的系数为 2.443，金融素养影响金融资产的系数为 0.394，金融素养影响风险性金融资产的系数为 0.046。在间接效应表中，金融素养影响金融资产的系数为 0.113。在总效应表中，金融素养影响金融资产的总效应为 0.507，即 0.113 与 0.394 之和。系数全部都在 1% 的显著性水平上通过检验。所以，中介效应为 0.113 与总效应 0.507 之比，即为 22.3%。通过上述检验中介效应的方法可以发现，在金融素养影响城镇家庭金融资产的过程中，风险性金融资产投资作为中介变量，从中起到中介效应，中介效应的占比为 20.2%，即（22.3% + 18.1%）/2 = 20.2%。因此，金融素养也可以通过影响风险性金融资产投资，进而影响城镇家庭金融资产的积累。

第五节 风险性金融资产投资对城镇家庭财富影响的差异性分析

一、风险性金融资产投资对不同区域城镇家庭财富的影响

按照之前的研究设计，第三章已将不同区域家庭划分为三个类型。分别是第 1 类区域——高财富家庭省份，即北京、上海、广东、天津、福建、浙江、江苏、河北、湖北；第 2 类区域——中财富家庭省份，即山东、海南、河南、四川、陕西、云南、江西、广西、安徽、青海、贵州；第 3 类区域——低财富家庭省份，即辽宁、内蒙古、甘肃、湖南、重庆、山西、宁夏、黑龙江、吉林。

本节继续探究不同省份之间风险性金融资产投资对家庭财富积累的影响。本部分计划从两类样本入手实证分析风险性金融资产投资对家庭财富积累影响的区域差异，即高财富家庭省份与中财富家庭省份的影响情况比较以及中财富家庭省份与低财富家庭省份的影响情况比较，所采用的实证方法为分位数回归。根据上述条件分位数回归结果可以知道，不同的分位数条件下，风险性金融资产投资对城镇家庭财富的影响具有异质性。但是，倘若整个群组发生风险性金融资产投资变动，就不能够使用前述的条件分位数回归方法，此时应选择无条件分位数回归。无条件分位数回归的优点在于，当整个省份家庭发生风险性金融资产投资变化时，可以观测到在不同的分位数上风险性金融资产投资影响家庭财富的情况。无条件分位数回归的实证估计方法有三种：第一种方法是基于再中心化函数估计；第二种方法是基于倾向得分的半参估计；第三种方法是基于结构分位数估计。正如本章第一部分介绍的，对于无条件分位数回归的估计方法，本节将选用再中心化影响函数回归全面剖析各种分位数水平下变量对家庭财富的影响。同时，为进一步研究不

同区域城镇家庭财富差异的影响因素，本节还进行了 Oaxaca-Blinder 分解。不同类型区域数据的描述性统计分析如表4-8所示。

表4-8　　　　　　　　　　研究变量的描述性统计

变量		样本数量（个）	中位数	标准差	最小值	最大值
第1类区域——高财富家庭省份	城镇家庭财富反余弦值	9088	14.01	3.70	-16.81	18.26
	风险性金融资产投资		0.16	0.37	0.00	1.00
	年龄		54.15	15.58	16.00	117.00
	年龄的平方/100		31.74	17.13	2.56	136.89
	性别		0.73	0.44	0.00	1.00
	受教育年限		11.53	3.94	0.00	22.00
	婚姻状况		0.84	0.36	0.00	1.00
	家庭收入		11.38	1.24	0.05	15.42
	人均GDP		9.81	2.61	4.52	12.90
第2类区域——中财富家庭省份	城镇家庭财富反余弦值	4938	12.85	4.36	-16.97	18.02
	风险性金融资产投资		0.10	0.30	0.00	1.00
	年龄		52.27	15.09	16.00	117.00
	年龄的平方/100		29.60	16.51	2.56	136.89
	性别		0.74	0.44	0.00	1.00
	受教育年限		11.11	4.02	0.00	22.00
	婚姻状况		0.85	0.36	0.00	1.00
	家庭收入		10.97	1.36	0.05	15.42
	人均GDP		5.07	1.25	3.41	7.26
第3类区域——低财富家庭省份	城镇家庭财富反余弦值	5501	12.56	4.16	-15.72	17.91
	风险性金融资产投资		0.07	0.25	0.00	1.00
	年龄		53.51	14.57	3.00	95.00
	年龄的平方/100		30.76	15.94	0.09	90.25
	性别		0.74	0.44	0.00	1.00
	受教育年限		10.82	3.70	0.00	22.00
	婚姻状况		0.82	0.38	0.00	1.00
	家庭收入		10.89	1.26	0.05	15.36
	人均GDP		4.98	0.88	2.84	6.36

从描述性统计结果看出，在不同省份之间风险性金融资产投资存在显著差异。高财富家庭省份参与风险性金融资产投资比例约为16%，中财富家庭省份参与风险性金融资产投资比例约为10%，低财富家庭省份参与风险性金融资产投资约占7%。可以看出，随着家庭财富水平的下降，区域家庭参与风险性金融资产投资的程度在下降。为了探究区域风险性金融资产投资的异质性，接下来本节利用再中心化回归方法，分别对高财富家庭省份、中财富家庭省份和低财富家庭省份分别进行回归分析。其中，设定的无条件分位数回归点分别是0.25、0.5、0.75。具体的回归结果如表4-9所示。

表4-9　　　　　　　　　高财富家庭省份的 RIF 回归结果

被解释变量：家庭财富水平	q25	q50	q75
风险性金融资产投资	0.728 *** (7.79)	0.583 *** (10.72)	0.543 *** (13.84)
户主年龄	0.128 *** (1.71)	0.072 *** (8.92)	0.046 *** (7.91)
户主年龄的平方/100	-0.088 *** (-7.21)	-0.047 *** (-6.53)	-0.032 *** (-6.22)
性别	-0.035 (-1.87)	-0.181 *** (-3.99)	-0.108 *** (-3.29)
受教育年限	0.120 *** (12.29)	0.086 *** (15.14)	0.053 *** (12.94)
婚姻状况	0.397 *** (3.90)	0.089 (1.50)	-0.049 (-1.15)
人均 GDP	0.112 *** (8.52)	0.185 *** (24.13)	0.113 *** (20.4)
家庭收入水平	0.487 *** (15.61)	0.272 *** (14.94)	0.159 *** (12.12)
常数项	-5.769 *** (-8.68)	0.755 * (1.95)	6.073 *** (21.74)
Adj R^2	0.16	0.26	0.23

注：*、*** 分别表示在10%、1%的显著性水平上通过检验，括号中为 t 统计量。

以上对高财富家庭省份分别进行了 25 分位数、50 分位数、75 分位数的 RIF 回归。从高财富家庭省份的 RIF 回归结果可以看到，家庭财富水平在不同的分位数条件下的影响因素不同。在 25、50、75 分位数上，风险性金融资产投资影响高财富家庭省份的系数均最大，结果也非常显著。但是，在分位数提高的过程中，这种影响水平在不断下降，这说明风险性金融资产投资对于高财富家庭省份的低分位组群体影响较大。其他家庭特征变量也显著影响着城镇家庭财富，从户主年龄、性别、受教育年限、婚姻状况和家庭收入与消费的角度看，都存在一个规律，即随着分位数水平的不断提高，其对家庭财富的影响程度在递减。

表 4 - 10 给出中财富家庭省份的风险性金融资产投资的 RIF 回归分析。随着分位数的不断提高，其系数取值逐步增大，且全部通过 1% 的显著性水平检验。这说明，风险性金融资产投资对于中财富家庭省份的高分位组群体作用较大。基于性别角度分析发现，高财富家庭省份的男性比例越大，财富水平越低；中财富家庭省份的男性比例没有通过显著性检验；家庭收入以及户主受教育年限等因素都对家庭财富积累有着积极的影响。

表 4 - 10　中财富家庭省份的 RIF 回归结果

被解释变量：家庭财富水平	q25	q50	q75
风险性金融资产投资	0.469 *** (3.47)	0.530 *** (6.40)	0.723 *** (8.48)
户主年龄	0.034 * (1.90)	0.024 ** (2.21)	0.031 *** (2.77)
户主年龄的平方/100	-0.022 (-1.38)	-0.013 (-1.28)	-0.023 ** (-2.22)
性别	0.135 (1.36)	0.043 (0.71)	-0.037 (-0.58)
受教育年限	0.075 *** (6.57)	0.054 *** (7.72)	0.025 *** (3.44)
婚姻状况	-0.114 (-0.84)	-0.004 (-0.05)	-0.031 (-0.37)

续表

被解释变量：家庭财富水平	q25	q50	q75
人均GDP	0.119 *** （4.26）	0.121 *** （7.03）	0.122 *** （6.87）
家庭收入水平	0.267 *** （7.49）	0.188 *** （8.60）	0.175 *** （7.79）
常数项	2.843 *** （3.36）	5.936 *** （11.45）	6.220 *** （11.64）
Adj R^2	0.14	0.21	0.20

注：* 、** 、*** 分别表示在10%、5%、1%的显著性水平上通过检验，括号中为t统计量。

表4-11给出了低财富家庭省份的RIF回归结果。比较中财富家庭省份与低财富家庭省份的回归结果，可以看出两类回归的风险性金融资产投资都随着分位数的不断增加而逐渐增大。这说明在这两类省份中，高分位数层次群体对风险性金融资产投资更为敏感，其增加的边际财富更加突出。而在低财富省份家庭中，户主性别变量没有对家庭财富起到积极作用。同样，家庭收入、户主受教育年限等因素对低财富省份家庭的财富积累也同样具有显著的积极作用。

表4-11　　　　　　　低财富家庭省份的RIF回归结果

被解释变量：家庭财富水平	q25	q50	q75
风险性金融资产投资	0.453 *** （3.46）	0.498 *** （6.31）	0.729 *** （9.41）
户主年龄	0.048 *** （3.33）	0.013 （1.5）	0.002 （0.25）
户主年龄的平方/100	-0.036 *** （-2.73）	-0.006 （-0.80）	-0.036 （-2.73）
性别	-0.055 （-0.69）	-0.066 （-1.36）	-0.055 （-0.69）
受教育年限	0.098 *** （9.88）	0.068 *** （11.44）	0.098 *** （9.88）
婚姻状况	0.347 *** （3.60）	0.156 （2.69）	-0.023 （-0.41）

被解释变量：家庭财富水平	q25	q50	q75
人均 GDP	0.145 *** (2.73)	0.039 (1.24)	0.033 (1.04)
家庭收入水平	0.363 *** (12.33)	0.205 *** (11.57)	0.171 *** (9.8)
常数项	0.566 (0.75)	4.761 *** (10.53)	6.273 *** (14.13)
Adj R²	0.15	0.21	0.20

注：*** 表示在 1% 的显著性水平上通过检验，括号中为 t 统计量。

根据以上结果可以知道，风险性金融资产投资对家庭财富的影响，在不同财富水平的省份之间，其影响效果不尽相同。并且在每一类区域中，随着回归分位数的增加，其对家庭财富的影响程度也不同。这表明风险性金融资产投资影响家庭财富的程度在不同区域间有差异，在区域内部也同样存在差异。

根据第三章的描述性统计分析与之前的研究，不同类型的省份之间的确存在着显著的财富差异性。接下来，本章将从高财富省份家庭与中财富省份家庭之间以及中财富省份家庭与低财富省份家庭之间探讨影响城镇家庭财富区域差距的因素。

本章运用 Oaxaca-Blinder 分解的方法，分解由区域导致的不同区域间城镇家庭财富差距问题。假设 Y_{hm} 表示高财富省份家庭的财富，Y_{mm} 表示中财富省份家庭的财富，Y_{lm} 表示低财富省份家庭的财富；（$Y_{hm} - Y_{mm}$）表示高、中财富省份家庭财富差距，（$Y_{mm} - Y_{lm}$）表示中、低财富省份家庭财富差距。接下来先分析高、中财富省份家庭财富差距。为了达到分析的目的，先构造一个反事实组，这个群组表示生活在高财富省份中的中财富省份家庭，他们的家庭财富记为 Y_{hm}^*。此时，高财富省份家庭与中财富省份家庭之间的差距可以表示为：

$$Y_{hm} - Y_{mm} = (Y_{hm} - Y_{hm}^*) + (Y_{hm}^* - Y_{mm}) \tag{4.13}$$

$(Y_{hm} - Y_{hm}^*)$ 表示可解释部分的差距。由于研究对象都处于高财富家庭省份，所以这部分差距产生差异的原因就只能来自于家庭特征因素，如户主年龄、户主受教育年限、性别、家庭收入等因素，我们称之为家庭特征差异。$(Y_{hm}^* - Y_{mm})$ 表示不可解释部分的差距。这部分差距是家庭特征均一致，只是所处的省份不同，由于所处省份区域发展不同给城镇居民家庭财富带来的机会性差异，本章称之为区域金融发展差异。从财富积累的时间角度分析，财富积累的时间越长，则财富的可能性水平越高。所以，基于时间概念上来看，户主的年龄越大，说明其家庭财富积累的时间越长。又因为家庭财富的积累时间长短与财富水平成正比例关系，所以投资能否使得不同户主年龄的家庭之间实现不同的财富积累，成为待考证的论点。本章界定由不同户主年龄家庭财富之间不可解释的差异叫做财富积累时间差异。

利用 Oaxaca-Blinder 分解原理，在 RIF 回归的基础上，分解城镇家庭财富差距，进而得到总差异、家庭特征差异和区域金融发展差异（见表4－12）。

通过表4－12可以发现，在各种分位数的总差距系数中，高财富省份家庭与中财富省份家庭财富差距正在逐步缩小，总差距的系数均为负值。其中，75分位数的负值绝对值最大，表明在高分位数层次群体中，区域间城镇家庭财富差距正在逐步快速缩减。可解释部分即城镇家庭特征差异系数也均为负数，表明家庭内部的特征属性对区域间城镇家庭财富差距的缩减具有积极作用。不可解释部分的系数在不同的分位数水平上取值为正。这一结果表明，在不同分位数组下的区域金融发展差异扩大了区域间的城镇家庭财富差距。从城镇家庭特征效应的分解角度来看，大部分变量都能够调节区域间城镇家庭财富差距，使得差距缩小。风险性金融资产投资、年龄、受教育年限、人均 GDP 和家庭收入等在不同的分位数情况下，都对区域间城镇家庭财富差距起到了缩小的作用。从区域金融发展差异分解的角度来看，不同的分位数点上的分解结果不同，变量系数有正有负，但是风险性金融资产投资总是能有效缩小区域间城镇家庭财富差距。

表 4 – 12   金融资产投资视角下高、中财富省份家庭财富差距分解

变量差异	25 分位数系数	50 分位数系数	75 分位数系数
总差距	– 0.8192	– 1.2281	– 1.2562
可解释部分	– 1.0844	– 1.4129	– 1.3948
不可解释部分	0.2652	0.1848	0.1386
可解释部分			
风险性金融资产投资	– 0.3854	– 0.4941	– 0.7559
户主年龄	– 0.0858	– 0.0482	– 0.0297
户主年龄的平方/100	0.0894	0.0480	0.0318
性别	– 0.0013	– 0.0066	– 0.0038
受教育年限	– 0.0749	– 0.0541	– 0.0321
婚姻状况	0.0155	0.0034	– 0.0019
人均 GDP	– 0.4565	– 0.7573	– 0.4446
家庭收入水平	– 0.1854	– 0.104	– 0.1586
不可解释部分			
风险性金融资产投资	– 0.4267	– 0.6062	– 0.6194
户主年龄	– 5.0982	– 2.5866	– 0.7107
户主年龄的平方/100	2.0557	1.082	0.2750
性别	0.1309	0.1742	0.0526
受教育年限	– 0.4999	– 0.3618	– 0.2937
婚姻状况	– 0.4529	– 0.0834	0.0146
人均 GDP	0.0381	– 0.0816	0.0699
家庭收入水平	– 2.467	– 0.9658	0.2221
常数项	6.9852	3.6140	1.1282

从表 4 – 13 中可以看出，在各种分位数模型中，中财富省份与低财富省份之间的总差距系数为正。这说明，中、低财富省份家庭之间存在显著

的财富差距。低层次分位数回归结果最明显，系数最大，说明在低分位数群组家庭中，两类区域间差距最大。同样，这种差距也可分为家庭特征差异和区域金融发展差异。在不同的分位数条件下，可解释部分即家庭特征差异持续为正，不可解释部分即区域金融发展差异也持续为正，说明这两者对中、低财富省份区域间的城镇家庭财富差距都起到了扩大作用。但是可以看出，风险性金融资产投资对于区域间城镇家庭财富差距都具有缩减作用。总之，从表4-13可以得到以下结论：第一，通过比较系数大小可知，不论是在25分位数还是50分位数、70分位数，区域间存在较大的城镇家庭财富差距，总差距取值分别为0.4672、0.3032和0.2357。这表明，中、低省份之间存在较大的城镇家庭财富差距，尤其是在低分位层次群体最明显。导致这种差距产生的原因主要有两个方面：一是区域间的城镇家庭特征差异，二是区域间金融发展差异。其中，区域金融发展迥异是导致差距的主要因素。第二，在城镇家庭特征差异系数中，风险性金融资产投资、户主年龄与婚姻状况对城镇家庭财富差距具有显著的缩小作用，但其他变量却在一定程度上都扩大了这两类区域的城镇家庭财富差距。在区域金融发展差异系数中，风险性金融资产投资、受教育年限与婚姻状况也都能够缩小这两类区域的城镇家庭财富差距。第三，从风险性金融资产投资角度看，在城镇家庭特征差距系数下，随着分位数取值的不断增加，风险性金融资产投资对区域城镇家庭财富差距一直具有缩减差距的效应，但是这种影响存在波动性。在区域金融发展差异系数下，风险性金融资产投资对区域城镇家庭财富差距也起到了缩减作用，影响同样也具有波动性。

表4-13　　金融资产投资视角中、低财富省份家庭财富差距分解

变量差异	25分位数系数	50分位数系数	75分位数系数
总差距	0.4672	0.3032	0.2357
可解释部分	0.1727	0.1789	0.1297
不可解释部分	0.2945	0.1243	0.1060

变量差异	25分位数系数	50分位数系数	75分位数系数
可解释部分			
风险性金融资产投资	-0.1257	-0.1177	-0.2042
户主年龄	-0.0157	-0.0112	-0.0145
户主年龄的平方/100	0.0101	0.0057	0.0103
性别	0.1452	0.1767	0.2172
受教育年限	0.0043	0.0031	0.0014
婚姻状况	-0.0079	-0.0003	-0.0022
人均GDP	0.0951	0.0964	0.0972
家庭收入水平	0.0673	0.0262	0.0245
不可解释部分			
风险性金融资产投资	-0.5411	-0.6121	-0.4406
户主年龄	-0.7567	0.5998	1.5786
户主年龄的平方/100	0.4281	-0.1961	-0.6987
性别	0.1398	0.0799	0.0120
受教育年限	-0.2493	-0.1549	-0.2800
婚姻状况	-0.3745	-0.1302	-0.0067
人均GDP	-0.1255	0.4058	0.4442
家庭收入水平	-1.0470	-0.1903	0.0494
常数项	2.8207	0.3224	-0.5522

　　通过对高财富省份与中财富省份的家庭财富差距进行分解，以及对中财富省份和低财富省份的家庭财富差距进行分解，可以发现，风险性金融资产投资的地位作用近乎相同。在高财富省份与中财富省份的区域间财富差距分解中，风险性金融资产投资具有缩小两类省份家庭财富差距的实证推断；在中财富省份和低财富省份的区域间财富差距分解中，风险性金融资产投资也能够缩小两类省份间的财富差距。同时，城镇家庭特征因素能够有效缓解高财富省份与中财富省份的差距，但是它却扩大了中财富省份

和低财富省份的差距。区域金融发展差异这一指标具有一致性，都趋于扩大不同类型的区域省份间的城镇家庭财富差距。

二、风险性金融资产投资对不同户主年龄城镇家庭财富的影响

本章之前章节探讨了不同类型区域的风险性金融资产投资对城镇家庭财富及财富差距的影响。根据实证结果可以看出，该影响表现出了明显的区域异质性，即风险性金融资产投资对不同区域的城镇家庭财富影响水平不同。同时，之前章节也对风险性金融资产影响区域间的财富差距进行了分析。除了在不同区域之间存在异质性影响之外，可能在不同户主年龄之间风险性金融资产投资对城镇家庭财富也存在异质性影响。于是，本章基于不同户主年龄角度，研究风险性金融资产投资对城镇家庭财富的异质性影响。户主年龄影响财富水平应该从两个方面分析：一方面指的是不同户主年龄之间影响财富的异质性问题；另一方面是相同户主年龄之间影响财富的异质性问题。由于相同年龄之间存在的影响差异不能反映财富时间积累的影响，所以，本章在此不考虑相同户主年龄之间存在的财富差异问题，仅考虑不同户主年龄之间存在的财富差异问题。同时，重点关注不同户主年龄之间金融资产投资导致的家庭财富差异状况。

本节依旧采用无条件分位数回归方法，假定户主年龄在 60 岁以上的群组为基准组，并在时间年龄维度上对户主年龄进行分类分组。第一组为户主年龄在 20 岁及以下的家庭，第二组为户主年龄在 21 ~ 30 岁的家庭，第三组为户主年龄在 31 ~ 40 岁的家庭，第四组为户主年龄在 41 ~ 50 岁的家庭，第五组为户主年龄在 51 ~ 60 岁的家庭。本节的目的是以不同的户主年龄组为分类标准，探析风险性金融资产投资对城镇家庭财富的影响是否具有异质性。我们分别在 25 分位数点、50 分位数点、75 分位数点处进行无条件分位数回归，之后再进行 Oaxaca-Blinder 分解。由于篇幅原因，这里不再报告无条件分位数回归的结果，仅报告分解差异的结果。在分解时，

本章把基准组设定为户主年龄在 60 岁以上的组，以期判断影响家庭财富差距的因素。根据 Oaxaca-Blinder 分解理论，不同户主年龄之间的财富差距可分解为两部分，所以本章把 Oaxaca-Blinder 分解中的可解释部分称为风险性金融资产投资的家庭特征非年龄差异，把不可解释的部分称为风险性金融资产投资的财富积累时间差异（见表 4 - 14）。

表 4 - 14　　　　不同户主年龄背景下风险性金融投资对家庭
财富差距的影响分解

年龄组	分位数	总差异	可解释部分	其中：风险性金融资产投资	不可解释部分	其中：风险性金融资产投资
第一年龄组	25 分位数系数	- 3.1042	7.6109	- 0.0155	- 10.7152	0.1170
	50 分位数系数	- 0.9026	3.9797	- 0.0301	- 4.8823	0.2602
	75 分位数系数	- 0.6244	1.1960	- 0.0130	- 1.8204	0.0699
第二年龄组	25 分位数系数	- 1.1139	0.3309	- 0.0220	- 1.4448	0.0894
	50 分位数系数	- 0.4961	0.5032	- 0.0106	- 0.9993	0.0101
	75 分位数系数	- 0.5099	0.5645	- 0.0112	- 1.0744	0.0146
第三年龄组	25 分位数系数	0.3492	0.8562	0.0210	- 0.5070	- 0.0147
	50 分位数系数	0.1259	0.5993	0.0197	- 0.4734	- 0.0150
	75 分位数系数	- 0.0985	0.4577	0.0159	- 0.5561	- 0.0284
第四年龄组	25 分位数系数	0.1836	0.4300	0.0239	- 0.2464	- 0.0127
	50 分位数系数	0.0137	0.2787	0.0292	- 0.2649	- 0.0004
	75 分位数系数	- 0.1380	0.1513	0.0454	- 0.2893	0.0244
第五年龄组	25 分位数系数	0.0682	0.2409	0.0129	- 0.1727	- 0.0136
	50 分位数系数	- 0.0218	0.1385	0.0182	- 0.1604	0.0067
	75 分位数系数	- 0.0472	0.0499	0.0226	- 0.0971	0.0166

从分解结果中可以看出，跟基准组相比，总差距有正有负，在不同分位数条件下影响不一致，但是财富积累的时间差异均为负值。这表明各年龄段家庭与基准组家庭相比，因财富积累时间导致的财富差距正在逐步缩小，并且越接近于基准组差距越小，这一情况也与事实相符。在第三年龄组的不可解释部分即风险性金融资产投资财富积累时间差异中，风险性金融资产投资影响为负数，说明这部分家庭从事风险性金融资产投资可以使

不同年龄组家庭之间城镇家庭财富差距缩小。纵观风险性金融资产投资家庭特征非年龄差异,第一、第二年龄组的风险性金融资产投资对城镇家庭财富差异具有削减作用;其他年龄组的家庭中该指标取值为正,表示其能够扩大年龄组之间的财富差距。通过分析可以看出,在不同的户主年龄组之间,风险性金融资产投资对城镇家庭财富差距的积极或消极影响并不统一,但整体上看,影响程度值都较小。原因可能是第三章中提到的,城镇家庭财富水平在不同户主年龄之间虽有不同,但是差异并不明显。

第六节 本章小结

本章主要探讨了风险性金融资产投资对城镇家庭财富的影响。风险性金融资产投资作为家庭持有金融资产的一种形式,以较高的收益率受到家庭的投资偏好。研究结果表明,风险性金融资产投资能够促进城镇家庭财富积累。根据分位数回归的实证结果显示,在不同的分位数条件下,风险性金融资产投资都能够起到增加城镇家庭财富的作用。在一定程度上,由于风险性金融资产投资需要具备专业素养,是否拥有一定的金融专业知识,成为支撑投资的必要保证。为此,研究进一步论证了金融素养与城镇家庭金融资产水平以及城镇家庭财富水平的关系。结果表明,在任何分位数水平下,金融专业知识都能够推动城镇家庭财富积累和提升城镇家庭金融资产水平;并且,家庭金融素养越高,其对家庭金融资产的积累和家庭财富的积累越有利。为了验证金融素养影响城镇家庭财富水平以及家庭金融资产的路径,本章还运用了中介效应检验的方法。检验结果说明,金融素养影响城镇家庭财富的中介变量为风险性金融资产投资,其中介效应为18.1%;金融素养影响城镇家庭金融资产的中介变量也为风险性金融资产投资,其中介效应为20.2%。

随后,本章讨论了风险性金融资产投资影响城镇家庭财富差距的问题。在分析差距时，本章将差距分为不同区域之间的财富差距和不同户主年龄之间的财富差距。不同区域的财富差距指的是因家庭特征变量与区域金融发展变量所导致的城镇家庭存在的财富差距，不同户主年龄的财富差距指的是因家庭非年龄特征变量与财富积累时间不同而产生的城镇家庭财富差距。为了达到研究目的，本章按照不同省份家庭平均财富水平从高到低的顺序，将研究省份划分为高财富家庭省份、中财富家庭省份和低财富家庭省份。按照不同户主年龄段，将家庭划分为具有不同的财富积累时间的群组家庭。而后本章运用无条件分位数回归的方法和 Oaxaca-Blinder 分解的方法，分析造成差距的原因。研究表明，在不同区域之间，确实存在着明显的财富差异。产生差异的因素可以分为两类，即家庭特征属性和区域金融发展属性。证据表明，在高、中财富省份家庭财富差距中，风险性金融资产投资不是导致差距的因素，相反其会使得高、中财富省份家庭财富差距缩小；在中、低财富省份家庭财富差距中，其也会使家庭财富差距缩小。在不同户主年龄影响财富的研究中，样本数据越靠近基准组，则因风险性金融资产投资的财富积累时间差异带来的影响就会越小，但是，在不同的户主年龄段，风险性金融资产投资的系数或正或负，影响程度不同，这似乎跟不同户主年龄之间的财富差距较小有关。

第五章

房地产投资对城镇家庭
财富的影响研究

　　本章旨在分析非金融资产投资，重点是房地产投资对城镇家庭财富的影响。在第三章的分析中，城镇家庭财富中的非金融资产占比最大，而房地产又在非金融资产中占比最大。因此，研究非金融资产投资对城镇家庭财富的影响程度，重点要剖析房地产投资对城镇家庭财富的影响。所以，研究关注的重点在城镇家庭是否存在房地产投资行为，以及房地产投资行为对城镇家庭财富的影响。在现实中，我们可以观测到家庭进行房地产投资之后，城镇家庭财富的实际情况。如果某家庭进行过房地产投资，那么其没有进行房地产投资时的家庭财富水平是无法观测的，这种假定没有房地产投资时的财富水平被称为反事实状态。若要计算房地产投资给城镇家庭财富带来的影响，就必须构建反事实框架。将研究样本分类为实验组和控制组，实验组和控制组的城镇家庭财富差值，就是房地产投资给城镇家庭带来的财富影响。本章就是基于反事实问题的假设构建模型，从而对这一问题进行实证分析。

第一节　研究模型的设计

倾向匹配方法是由罗森鲍姆（Rosenbaum，1983）和鲁宾（Rubin，

1983）提出的对观测数据或者非实验数据进行的一种因果效应估计方法。这种理论分析的基础，即反事实推断。事实可以通过现实情况进行观测，这样的群组我们称之为处理组，或者叫做实验组。在本例中，家庭从事房地产投资行为，这一行为干预城镇家庭财富水平，则该群组家庭被称为实验组家庭。假设某一群组家庭未从事房地产投资，则该群组家庭被称为控制组家庭。在其他条件相同的情况下，通过分析家庭房地产投资行为与家庭未进行房地产投资行为在家庭财富上的差异，来判断房地产投资对城镇家庭财富的影响程度。

倾向得分匹配的主要思想是假定有诸多观测样本，将观测样本两种可能的潜在结果分别定义为 $Y_i(0)$、$Y_i(1)$，其中，$Y_i(0)$ 表示未被处理的观测数据，$Y_i(1)$ 表示已经被处理的观测数据，两者之间的差值就是某种行为的效果水平，即：

$$\delta_i = Y_i(0) - Y_i(1) \tag{5.1}$$

假设 $D_i = 1$ 表示接受处理的观测样本，$D_i = 0$ 表示未接受处理的观测样本。此时的反事实框架可以用模型表示，即：

$$Y_i = Y_i(D_i) = \begin{cases} Y_i(1)，如果 D_i = 1 \\ Y_i(0)，如果 D_i = 0 \end{cases} \tag{5.2}$$

该模型可以表示为如果城镇家庭进行房地产投资，则取值为 $Y_i(1)$；如果城镇家庭没有进行房地产投资，则取值为 $Y_i(0)$。在倾向得分匹配分析的过程中，还有一个比较重要的指标叫做平均处理效应（average treatment effect on the treated，ATT）。刚刚定义的 $\delta_i = Y_i(0) - Y_i(1)$，其实就是处理状态与非处理状态的差值，即处理效应。由于观测样本量众多，各种观测样本差值的平均情况就是平均处理效应。

$$ATT 估计值 = E\{Y_i(1) - Y_i(0) | D = 1\}$$
$$= E\{Y_i(1) | D = 1\} - E\{Y_i(0) | D = 1\}$$
$$= E\{Y_i(1) | D = 1\} - E\{Y_i(0) | D = 0\}$$

$$= E\{Y_i(1)\,|\,D=1\} - E\{Y_i(0)\,|\,D=1\}$$
$$+ (E\{Y_i(0)\,|\,D=1\} - E\{Y_i(0)\,|\,D=0\}) \qquad (5.3)$$
$$= ATT + \eta_{bias}$$

在式（5.3）中，$E\{Y_i(0)\,|\,D=1\}$ 是无法观测到的，但是可以用 $E\{Y_i(0)\,|\,D=0\}$ 来替代。η_{bias} 表示的是选择性误差，如果该变量取值为零，则说明计算出来的就是 ATT 效果值。如何能够确保选择性误差项为零，就需要保证干预是完全随机的。但是实证研究中的数据是可观测的，并非随机的。因此，需要采用匹配的方法来处理，匹配的思路是使干预接近完全随机分配。

倾向得分匹配是一种降维思想匹配方式，其通过计算倾向得分，进而计算平均处理效应。如图 5-1 所示，其步骤主要包含五步。第一，利用 Probit 或者是 Logit 模型，计算出样本个体进入处理组的概率，这里需要选择相对应的协变量。第二，进行得分匹配。通过现有的文献资料，可以查阅到较为流行的得分匹配方法有卡尺匹配、K 近邻匹配、卡尺内 K 近邻匹

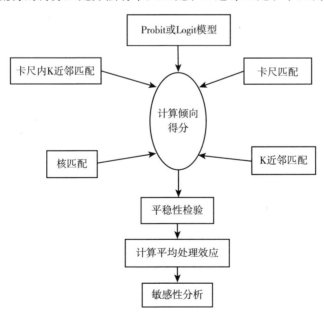

图 5-1　倾向得分匹配分析方法

配、核匹配。第三，经过匹配之后，需要对匹配的情况进行平稳性检验。第四，计算不同匹配方法下的平均处理效应的效果值，并进行比较。第五，对匹配结果进行敏感性分析。

为了考察异质性的影响，本章节还运用了无条件分位数回归的统计方法。朱平芳（2017）等认为分位数处理效应与平均处理效应是相对的，它是一种异质性问题的处理效应。之前介绍的无条件分位数处理效应（unconditional quantile treatment effect）的估计方法主要有三种：其一，基于再中心化函数估计；其二，基于倾向得分的半参估计；其三，基于结构分位数估计。本章依旧选择再中心化函数估计的方法进行估计，考察变量 X（房地产投资）对于 Y（城镇家庭财富水平）的影响。

这里，主要考察的是当 X 发生变化时，整个群体发生的变化，而不是某一特征人群。这时候 Y 在无条件分布 t 分位数的值等价于计算 UQPE(t)值。

$$UQPE(t) = E_X\left[\frac{\partial q_t(Y)}{\partial(X)}\right] \tag{5.4}$$

一般情况下，条件分位数的期望并不等于无条件分位数的期望。所以，采用了再中心化的方法，继续考察当整体发生微弱变化时，城镇家庭财富的变化情况。通过第三章描述性统计分析，发现城镇家庭财富之间具有较大的差异性。为了剖析差异性产生的原因，最常用的方法为 Oaxaca-Blinder 分解。Oaxaca-Blinder 分解就是通过构建反事实组，进而推断出不同组别之间的差异。同时，将差异分解为可解释部分和不可解释部分。可解释部分即指通过直接观测能够发现的差异，不可解释部分通常被理解为"歧视"。

根据最近的相关调查报告，中国城镇家庭住房拥有量已经达到96%，拥有一套住房的家庭占比58.1%，户均拥有住房1.5套。这样的比例数量已经说明城镇家庭有意识地将住房作为实物投资的选择标的，期待未来保值或者升值。随着近几年房价飙升，房地产投资似乎给家庭财富积累带来了一条新路径。高财富家庭通过购买投资性房产，使得其拥有的财富水平不断增加；中财富家庭通过银行信贷，实现购房居住需求，但是房产却无法实现财富转移变现；低财富家庭随着房价上涨，需要支付更高的房租，进而增加了家庭负担。从这一角度分析，房价的变动对不同财富水平家庭的影响具有差异性。

在之前的研究中，已经将区域划分为三类省份，本章将研究不同类型区域间房地产投资对城镇家庭财富影响带来的差异性。根据第四章的分析，定义因房地产投资导致不同区域之间不可解释的差异叫做区域非金融发展差异，定义因房地产投资导致不同户主年龄之间不可解释的差异叫做房地产投资财富积累时间差异。图 5 - 2 给出了本章的分析思路。

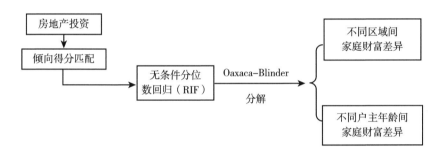

图 5 - 2 本章分析框架

第二节 数据来源与变量选取

本章选用西南财经大学发布的中国家庭金融调查的样本数据，该样本数据来自于 2017 年的调查，并从中剔除掉农村样本，只保留城镇调查数据。本节数据依旧采用"权责发生制"这一指导思想，以实际居住地为依据进行数据剥离，从中剔除农村居民家庭。本章对变量进行预处理，删除缺失变量和偏差数据，最终得到样本家庭数量 19552 个。本章主要分析房地产投资对城镇家庭财富的影响，如何界定家庭是否有房地产投资行为，成为研究需要讨论的首个问题。在界定家庭是否存在房地产投资时，不同专家学者也给予了不同的论证和说明。例如，有的研究学者提出应该根据家庭人均使用面积，或者已婚人数又或者子女个数等来判定。本章节为简化房地产投资的测算，定义如果家庭中所有成员拥有两套及以上的住房，则该家庭称为房地产投资家庭。鉴于此，本节构造一个分类变量，用FDCTZ表示房地产投资，如果该家庭所有成员拥有两套及以上的住房，则该家庭的 FDCTZ 值为 1；否则，该家庭的 FDCTZ 值为 0。

根据研究需要，倾向得分匹配方法需要其他的相关协变量参与建模，参考以往的研究文献，本节选取的协变量有户主年龄（age）、户主性别（sex）、户主是否结婚（married）、家庭中是否有共产党员（party）、户主的文化水平（culture）、家庭收入（工薪）（income）、人均 GDP（pgdp）。其中，户主性别、户主是否结婚、家中是否有共产党员都为分类变量，1 表示男性、已结婚和家中有共产党员；0 表示女性、处于非已婚状态的其他婚姻状况及家中没有共产党员。户主的文化水平依旧采用受教育年限法来计算，计算方法同第三章。家庭收入（工薪）、人均 GDP 都是取对数之后的数值。研究变量的描述性统计如表 5 – 1 所示。

表 5 – 1　　　　　　　　研究指标的描述性统计

变量名称	样本数量	均值	标准差	样本数量	均值	标准差
户主年龄		51. 18	13. 34		54. 12	15. 60
户主年龄平方		27. 97	14. 29		31. 73	17. 17
性别		0. 77	0. 42		0. 72	0. 45
共产党员		0. 16	0. 37		0. 15	0. 36
文化水平	4193（实验组）	12. 13	3. 76	15359（控制组）	10. 98	3. 91
婚姻状况		0. 91	0. 29		0. 82	0. 38
家庭收入（工薪）		11. 69	1. 10		10. 98	1. 31
家庭消费		11. 26	0. 75		10. 87	0. 71
人均 GDP		7. 20	3. 01		7. 26	3. 10
房地产投资		1. 00	0. 00		0. 00	0. 00
家庭财富		14. 80	2. 47		12. 90	4. 30

从表 5 – 1 可以得到，实验组家庭数目为 4193 条，控制组家庭数目为 15359 条。仅从统计结果中可以看出，实验组的家庭财富均值水平明显高

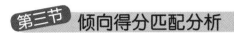

于控制组的家庭财富均值水平。对于男性比例、党员家庭、文化水平、结婚比例以及收入情况，控制组的均值水平都明显高于实验组。在户主年龄和人均 GDP 指标上，实验组家庭均值水平更高一点。总之，通过对比发现，实验组数据与控制组数据之间有明显差异。接下来，利用倾向得分匹配的方法，分析房地产投资影响财富的问题。

第三节　倾向得分匹配分析

一、样本的普通最小二乘法回归

本部分研究的内容是在数据分组的基础上，采用倾向得分匹配的方法，对样本数据进行匹配分析。之后对匹配结果进行平稳性检验，从而确保匹配的可靠性。本节先利用普通最小二乘法进行回归分析，目的是与倾向得分匹配分析的结果进行对比。普通最小二乘法的回归过程分为三个模型，首先仅考虑核心解释变量房地产投资对城镇家庭财富的影响，其次考虑核心解释变量和户主特征控制变量对城镇家庭财富的影响，最后考虑核心解释变量、户主特征控制变量与其他控制变量对城镇家庭财富的影响，实证结果见表 5－2。

表 5－2　　　　　　　　　普通最小二乘法的回归结果

被解释变量	城镇家庭财富	模型 1	模型 2	模型 3
核心解释变量	房地产投资	1.91 ***	1.688 ***	1.366 ***
户主特征控制变量	户主年龄	—	0.031 ***	0.045 **
	户主年龄平方	—	－ 0.005	－ 0.021
	性别	—	－ 0.051	0.025
	共产党员	—	0.205 **	0.168 **
	文化水平	—	0.201 ***	0.128 ***
	婚姻状况	—	0.682 ***	0.296 ***

被解释变量	城镇家庭财富	模型 1	模型 2	模型 3
其他控制变量	家庭收入（工薪）	—	—	0.354 ***
	人均 GDP	—	—	0.183 ***
常数项		12.90 ***	8.597 ***	−0.81

注： ** 、 *** 分别表示在 5% 、1% 的显著性水平上通过检验。

通过普通最小二乘法进行回归分析，由实证结果可知，核心解释变量都在 1% 的显著性水平上通过了检验。随着户主特征变量加入到回归模型中，核心解释变量的系数取值有所下降，从 1.91 降为 1.688。当继续增加其他控制变量后，模型 3 中的核心解释变量系数为 1.366，这表明城镇家庭房地产投资可以增加城镇家庭财富平均水平；随着解释变量的增多，影响程度有所降低。对模型 2 与模型 3 进行比较发现，户主年龄的平方与性别变量均未通过显著性检验，但其家庭是否拥有党员、户主年龄及户主的婚姻状况都对城镇家庭财富有正向影响。综合比较模型 1 ~ 模型 3 中的全部解释变量系数可知，房地产投资推动城镇家庭财富的积累作用水平最大。

二、倾向匹配估计与检验

根据倾向得分匹配要求，首先进行 Probit 或者 Logit 回归分析，本节选用 Logit 模型进行回归分析，回归结果表明，户主年龄、户主性别、户主的文化水平、家庭收入（工薪）等因素都能够促进家庭进行房地产投资行为的发生，由于篇幅原因，在此不再报告回归结果。

平衡性检验的目的是验证实验组数据和控制组数据之间是否存在显著差异。通过表 5 - 3 可以知道，匹配后实验组与控制组数据 t 统计量的取值也都小于 2。这一变化表明，各协变量在匹配之后差异较小，匹配显著。同时，匹配前实验组与控制组数据具有较大的偏差率，匹配后实验组与控制组数据的偏差率都缩减到了 5% ，协变量偏差也通过图 5 - 3 反映出来。

表 5 - 3　　　　　　　　　　　　　　变量匹配结果

变量名称	匹配状态	均值差异检验		t 值
		实验组	控制组	
age	匹配前	51.190	54.140	− 11.2
	匹配后	51.190	50.970	0.76
age2	匹配前	27.980	31.740	− 13.01
	匹配后	27.985	27.790	0.63
sex	匹配前	0.772	0.725	6.1
	匹配后	0.772	0.782	− 1.05
party	匹配前	0.160	0.151	1.43
	匹配后	0.160	0.164	− 0.53
culture	匹配前	12.314	10.977	17.11
	匹配后	12.134	12.375	− 2.95
married	匹配前	0.906	0.820	13.42
	匹配后	0.906	0.907	− 0.23
income	匹配前	11.693	10.983	32.03
	匹配后	11.689	11.668	0.86
pgdp	匹配前	7.201	7.262	− 1.14
	匹配后	7.200	7.210	− 0.14

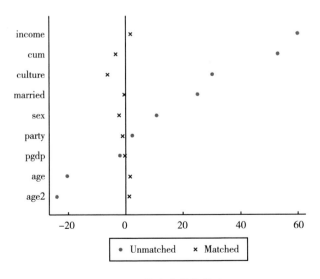

图 5 - 3　协方差的偏差率

为了检验匹配模型是否准确，本章还进行了共同支撑检验。共同支撑的含义就是实验组中的家庭能够在控制组中找到与其匹配的对象。具体的匹配方法是首先选择核密度函数进行匹配，绘制匹配前后的倾向得分核密度函数图像，从而分析匹配的共同支撑问题。从图 5-4 中可以看到，样本匹配之前，实验组和控制组重合范围较小；当样本匹配之后，实验组和控制组的重合区域较大，两条曲线近乎拟合。这说明匹配之后的样本具有共同支撑。另外，图 5-5 给出了匹配的样本倾向得分的共同取值。

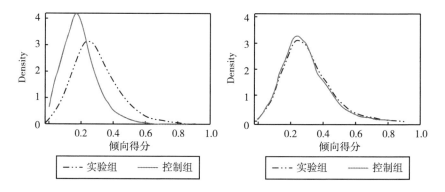

图 5-4　匹配前后的倾向得分核密度函数

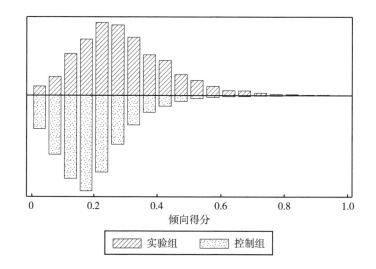

图 5-5　共同取值示意

三、平均处理效应估计

本节选用的匹配方法有卡尺匹配、近邻匹配、核匹配等。为了计算不同倾向得分匹配方法的平均处理效应情况并进行对比分析，本节分别采用卡尺匹配、K 近邻匹配、卡尺内 K 近邻匹配与核匹配等四种匹配方法。几种匹配方法的参数设定如下：卡尺匹配中的卡尺分别选择 0.01、0.04、0.05、0.10 四种情况；K 近邻匹配分别选择 K = 1、K = 2、K = 3、K = 5；卡尺内 K 近邻匹配的参数选择近邻 K 为 5，卡尺分别选 0.01、0.04、0.05、0.10；最后是核匹配，带宽分别选择 0.01、0.05、0.10、0.20。不同匹配方法下的平均处理效应如表 5 - 4 所示。

表 5 - 4　　　　　　　　不同匹配方法下的平均处理效应

匹配方法	匹配参数值	实验组	控制组	ATT	标准差	t 值
卡尺匹配	a = 0.01	14.8077	13.6057	1.2019 ***	0.0857	14.020
	a = 0.04	14.8088	13.6070	1.2018 ***	0.0858	14.010
	a = 0.05	14.8013	13.6076	1.1936 ***	0.0861	13.860
	a = 0.10	14.8017	13.6083	1.1935 ***	0.0862	13.850
K 近邻匹配	K = 1	14.8017	13.6083	1.1935 ***	0.0862	13.850
	K = 2	14.8017	13.6032	1.1986 ***	0.0748	16.020
	K = 3	14.8017	13.5981	1.2037 ***	0.0706	17.050
	K = 5	14.8017	13.6039	1.1979 ***	0.0672	17.830
卡尺内 K 近邻匹配	K = 5，a = 0.01	14.8077	13.5471	1.2606 ***	0.0674	18.690
	K = 5，a = 0.04	14.8088	13.5466	1.2622 ***	0.0674	18.720
	K = 5，a = 0.05	14.8088	13.5466	1.2622 ***	0.0674	18.720
	K = 5，a = 0.10	14.8017	13.5474	1.2544 ***	0.0679	18.470
核匹配	epan，bw = 0.01	14.8017	13.5755	1.2262 ***	0.0892	13.740
	epan，bw = 0.05	14.8017	13.5615	1.2403 ***	0.0892	13.900
	epan，bw = 0.10	14.8017	13.5466	1.2552 ***	0.0892	14.060
	epan，bw = 0.20	14.8017	13.5862	1.2156 ***	0.0892	13.620

注：epan 表示二次核函数匹配方法，bw 表示带宽，*** 表示在 1% 的显著性水平上通过检验。

通过不同的匹配方式进行匹配，由结果可知，实验组财富数据值明显高于控制组的财富数据值，这说明房地产投资能够明显提升城镇家庭财富水平。在卡尺匹配中，卡尺定义得越松弛，平均处理效应越小，但是总体上看，影响变动幅度并不大。在近邻匹配中，当 K 取值为 3 时，平均处理效应最大，其值为 1.2037。在进行卡尺近邻匹配的过程中，以 K 取值 5 为基准，分别计算四种卡尺标准下的平均处理效应。经过计算可知，四种状态下的平均处理效应取值差异不大。之前的这三种匹配方式都为局部匹配，局部匹配的缺点是匹配的精度较低。为提高匹配精度，本章考虑进行整体匹配，即核匹配。通过设定不同的核匹配带宽，计算相应的平均处理效应。核匹配的平均处理效应结果也都显著地通过了检验。在众多的匹配模式下，本章都得出了一致性的结果，即房地产投资能够有效地增加城镇家庭财富的水平。在不同的匹配方法下，平均处理效应得到的值虽然不同，但是整体上都围绕一个中心点 1.20 波动。其中，最小效应为 1.1935，最大效应为 1.2622，波动幅度为 0.0687。这表明，不论何种倾向匹配方法，最后的检验结果相差不大，也就是说匹配具有稳健性。

四、敏感性分析

有关倾向匹配模型的敏感性分析的方法有很多。罗森鲍姆（2002）、萨沙（Sascha，2007）等提出了两种检验方法，给出 Stata 的命令分别是 rbounds 和 mhbounds。其中，最早对匹配进行敏感性分析的是罗森鲍姆提出的 Wilcoxon 符号秩检验。通过计算实验组与控制组之间的差值，确定 Wilcoxon 符号秩统计量，再采用不同取值的概率密度函数，计算标准离差的显著性水平，进而分析敏感性。本节借鉴刘凤芹（2009）选用的蒙特卡罗模拟的方法，通过计算不同模型的标准误差，来进行模型精度比较。

通过对不同的匹配方法进行比较可以发现，在基于 Logit 回归和 Probit

回归中，卡尺近邻匹配的标准误差都是最小的，说明卡尺近邻匹配的优度最高，其次是卡尺匹配；最后是近邻匹配和核匹配。同时，研究也发现，不管是基于 Logit 模型的估计还是采用 Probit 模型进行估计，估计的结果都类似（见表 5 - 5）。

表 5 - 5　　　　　　　　　　　不同匹配方法的比较

统计方法	基于 Logit 模型的估计		基于 Probit 模型的估计	
	估值	标准误差	估值	标准误差
卡尺匹配	1.2020	0.0857	1.1823	0.0888
K 近邻匹配	1.1935	0.0862	1.1738	0.0892
卡尺内 K 近邻匹配	1.2057	0.0667	1.2606	0.0674
核匹配	1.2372	0.0862	1.2403	0.0892

第四节　房地产投资影响城镇家庭财富的差异性分析

一、房地产投资影响城镇家庭财富的无条件分位数回归

在上述分析中发现，房地产投资能够显著地影响城镇家庭财富水平。但是，本章仍需继续深挖房地产投资影响城镇家庭财富水平的差异性问题。因此，本节需要在无条件分位数回归的基础上，进行 Oaxaca-Blinder 分解分析，进而将影响城镇家庭财富差距的因素分为两个部分。可解释部分的影响因素叫做特征效应，不可解释部分的影响因素叫做系数效应。在不同区域间，特征效应为家庭特征差异，系数效应为区域非金融发展差异；在不同户主年龄间，特征效应为家庭非年龄特征差异，系数效应为房地产投资财富积累时间差异。本章的研究思路与第四章基本类似，先对房地产投资的城镇家庭财富影响进行无条件分位数回归，在无条件分位数回归的基础上，再进行 Oaxaca-Blinder 分解。

通过无条件分位数回归结果可知，房地产投资对城镇家庭财富积累的

效果水平显著，都在 1% 的显著性水平上通过了检验（见表 5-6）。同时，本节选择了五个分位点进行回归，分别是 10 分位数、25 分位数、50 分位数、75 分位数和 90 分位数。随着分位数的不断增大，房地产投资对城镇家庭财富积累的效应水平在下降，但是在不同的分位数模型中，房地产投资对城镇家庭财富水平的影响效应一直最强。尤其是在 90 分位数无条件分位数回归中，房地产投资对城镇家庭财富水平的影响系数为 0.838。在不同分位数回归的影响程度中，这一数值最小。但是在 90 分位数模型中，考虑模型内部的核心解释变量系数和控制变量系数，其取值反而最大。通过无条件分位数回归，也说明房地产投资影响城镇家庭财富水平具有差异性。与此同时，该回归分析结果也和倾向匹配分析结果相互印证，说明房地产投资确实能够使得家庭财富水平增加。根据前面的研究结果，本节将在两个维度上对城镇财富差异进行分解，分别是空间区域维度和时间积累维度，其中，空间区域维度指的是不同区域之间的差异情况，时间积累维度指的是不同户主年龄之间的差异情况。

表 5-6　　　　　　　房地产投资影响财富的无条件分位数回归

被解释变量：城镇家庭财富	q10	q25	q50	q75	q90
房地产投资	2.179 (13.76)	1.035 (23.69)	0.992 (35.89)	1.009 (31.48)	0.838 (25.21)
户主年龄	0.184 (6.92)	0.063 (8.6)	0.028 (5.95)	0.047 (8.7)	0.038 (6.79)
户主年龄的平方/100	-0.149 (-6.15)	-0.044 (-6.54)	-0.014 (-3.29)	-0.031 (-6.33)	-0.027 (-5.40)
性别	0.374 (2.48)	0.005 (0.13)	-0.067 (-2.56)	-0.182 (-5.98)	-0.164 (-5.19)
共产党员	0.343 (1.9)	0.156 (3.14)	0.119 (3.77)	0.125 (3.44)	-0.005 (-0.14)
文化水平	0.217 (11.63)	0.099 (19.3)	0.073 (22.29)	0.064 (16.98)	0.050 (12.63)
婚姻状况	1.339 (6.95)	0.318 (5.98)	0.083 (2.47)	-0.008 (-0.19)	-0.055 (-1.37)

被解释变量：城镇家庭财富	q10	q25	q50	q75	q90
家庭收入水平	0.845 (15.05)	0.303 (19.55)	0.190 (19.41)	0.152 (13.39)	0.111 (9.45)
人均GDP	0.051 (2.4)	0.063 (10.82)	0.161 (43.75)	0.293 (68.65)	0.209 (47.17)
常数项	−19.482 (−15.25)	0.160 (0.45)	4.144 (18.59)	3.508 (13.57)	6.537 (24.39)
Adj R^2	0.10	0.18	0.31	0.36	0.23

注：括号中为t统计量。

二、房地产投资影响不同区域城镇家庭财富的差异性分析

根据不同区域的划分说明，本节需要先对上述高财富家庭省份、中财富家庭省份和低财富家庭省份数据分别进行无条件分位数回归。通过实证可以发现，在不同类型省份之间，房地产投资对城镇家庭财富的影响程度不同，由于篇幅原因，该部分具体的回归结果不再报告。因为不同区域的房地产投资影响城镇家庭财富的系数不同，所以接下来比较高财富省份与中财富省份样本之间房地产投资带来城镇家庭财富水平的差异，以及中财富省份与低财富省份样本之间房地产投资带来的城镇家庭财富水平的差异。参照上述分析，本节先报告基于房地产投资视角的高、中财富省份家庭财富差距分解结果，其中的分位数分别取10分位数、25分位数、50分位数、75分位数和90分位数。前面已经定义，总差异中可解释部分为家庭特征属性差异，不可解释部分为区域非金融发展差异。

表5-7为实证分析结果，其中的核心变量和大部分控制变量都通过了显著性水平检验。首先，在任何分位数水平回归下，总差异指标系数显著。这表明在高、中财富省份中，房地产投资影响城镇家庭财富的确存在明显的差距效应。根据 Oaxaca-Blinder 分解方程的结果，这种差距中家庭特征变量差距取值为正且数值较大。具体来看，在10分位数条件下，总差

距为 1.694，其中可解释部分差距为 1.109，不可解释部分差距为 0.585，可解释部分差距占比 65.4%；在 25 分位数条件下，总差距为 1.260，其中可解释部分差距为 1.226，不可解释部分差距为 0.034，可解释部分差距占比 97.3%；在 75 分位数条件下，总差距为 1.642，其中可解释部分差距为 0.982，不可解释部分差距为 0.660，可解释部分差距占比 59.8%。在 90 分位数条件下，总差距为 1.602，其中可解释部分差距为 0.714，不可解释部分差距为 0.888，可解释部分差距占比 44.6%。随着分位数水平的不断增加，可解释部分差距占比先上升后下降。在不同的分位数条件下，不可解释部分即区域非金融发展差异的作用水平不同。尤其是在 25 分位数和 50 分位数条件下，不可解释部分差异数值较小，说明此时区域非金融发展差异扩大城镇家庭财富的差距水平作用较小。其次，通过分析在特征效应中的房地产投资系数值，可以有效地观测到房地产投资能够明显地扩大城镇家庭财富差距。这一情况说明基于特征效应视角下的房地产投资具有扩大城镇家庭财富差距的作用。在系数效应中，房地产投资系数也为正，表明其也能够扩大不同区域间城镇家庭财富差距。最后，其他的变量分别在不同程度上对城镇家庭财富差距起到积极或者消极的作用。男性比例在系数效应中能够有效缩减城镇家庭财富差距水平，但是在特征效应中反应不敏感。接下来，本节继续报告房地产投资视角下中、低财富省份家庭财富差距的分解情况。

表 5 - 7   房地产投资视角下高、中财富省份家庭财富差距分解

变量差异	10 分位数	25 分位数	50 分位数	75 分位数	90 分位数
总差距	1.694	1.260	1.523	1.642	1.602
可解释部分	1.109	1.226	1.425	0.982	0.714
不可解释部分	0.585	0.034	0.098	0.660	0.888
可解释部分					
房地产投资	0.400	0.335	0.316	0.296	0.284
户主年龄	0.348	0.224	0.123	0.078	0.049

续表

变量差异	10 分位数	25 分位数	50 分位数	75 分位数	90 分位数
户主年龄的平方/100	− 0. 301	− 0. 173	− 0. 089	− 0. 06	− 0. 039
性别	− 0. 003	0. 000	0. 001	0. 001	0. 001
共产党员	0. 003	0. 002	0. 002	0. 000	0. 000
文化水平	0. 077	0. 052	0. 037	0. 025	0. 016
婚姻状况	− 0. 009	− 0. 003	− 0. 001	0. 001	0. 001
家庭收入水平	0. 359	0. 174	0. 092	0. 051	0. 052
人均 GDP	0. 235	0. 615	0. 944	0. 590	0. 35
不可解释部分					
房地产投资	0. 387	0. 377	0. 354	0. 223	0. 204
户主年龄	− 0. 167	3. 111	2. 88	1. 399	0. 258
户主年龄的平方/100	0. 203	− 1. 188	− 1. 213	− 0. 643	− 0. 183
性别	− 0. 211	− 0. 015	− 0. 134	− 0. 020	− 0. 019
共产党员	− 0. 023	0. 027	0. 028	0. 005	− 0. 007
文化水平	− 0. 585	0. 205	0. 27	0. 158	0. 042
婚姻状况	0. 573	0. 199	0. 033	− 0. 013	0. 006
家庭收入水平	0. 833	1. 707	0. 911	0. 115	0. 179
人均 GDP	− 2. 714	− 0. 233	0. 304	0. 091	− 0. 148
常数项	2. 289	− 4. 156	− 3. 335	− 0. 655	0. 556

　　房地产投资影响中、低财富省份家庭财富差距的分解依旧在 10 分位数、25 分位数、50 分位数、75 分位数和 90 分位数展开研究（见表 5 – 8）。从总差距的视角看，在不同分位数条件下总差距取值均为负，说明差距都具有缩小的特点。同时，可解释部分差距即家庭特征差距均为正值，这说明在一定程度上家庭特征变量扩大了这两类省份间的城镇家庭财富差距。但是，不可解释部分差距即区域非金融发展差异取值为负值，这说明区域非金融发展差异使得这两类区域的财富差距减小。从核心解释变量来看，不论是在可解释部分的差异中，还是在不可解释部分的差异中，房地产投资影响的系数取值均为正，这说明房地产投资扩大了中、低财富省份家庭之间的财富差距。

表 5-8　　　房地产投资视角下中、低财富省份家庭财富差距分解

变量差异＼分位数	10 分位数	25 分位数	50 分位数	75 分位数	90 分位数
总差距	− 1.008	− 0.233	− 0.286	− 0.374	− 0.010
可解释部分	0.034	0.111	0.139	0.150	0.150
不可解释部分	− 1.042	− 0.344	− 0.425	− 0.524	− 0.160
可解释部分					
房地产投资	0.232	0.212	0.211	0.214	0.216
户主年龄	0.267	0.053	0.008	− 0.004	0.023
户主年龄的平方/100	− 0.028	− 0.037	− 0.001	0.008	− 0.016
性别	− 0.149	− 0.047	− 0.041	− 0.040	− 0.055
共产党员	− 0.003	0.000	− 0.001	− 0.001	− 0.002
文化水平	− 0.085	− 0.029	− 0.019	− 0.016	− 0.011
婚姻状况	− 0.072	− 0.011	− 0.004	0.001	0.005
家庭收入水平	− 0.093	− 0.025	− 0.014	− 0.011	− 0.010
人均 GDP	− 0.035	− 0.005	0.000	− 0.001	0.000
不可解释部分					
房地产投资	0.276	0.269	0.235	0.224	0.231
户主年龄	− 0.925	− 1.013	− 0.200	− 0.933	− 0.149
户主年龄的平方/100	− 1.274	0.257	− 0.010	0.380	− 0.053
性别	− 0.535	− 0.027	− 0.043	0.023	0.073
共产党员	− 0.018	− 0.009	0.016	0.012	0.030
文化水平	0.570	− 0.033	0.039	0.106	0.064
婚姻状况	1.641	0.200	0.107	0.009	− 0.014
家庭收入水平	3.452	0.411	0.366	0.194	0.084
人均 GDP	− 1.115	− 0.595	− 0.681	− 0.470	− 0.527
常数项	− 3.114	0.196	− 0.254	− 0.069	0.101

运用不同分位点的无条件分位数回归,之后再进行 Oaxaca-Blinder 分解,本章得到了不同区域之间房地产投资对城镇家庭财富差距的影响。实

证结果表明，不论是在高、中财富省份之间还是在中、低财富省份之间，房地产投资都扩大了不同区域之间的财富差距。这与之前的研究结论并不矛盾，即房地产投资能够增加城镇家庭财富的水平，但是房地产投资却扩大了不同区域的城镇家庭财富差距。在考虑影响不同区域间财富差异之后，本章继续探讨在财富积累时间维度，即不同户主年龄角度下，房地产投资对城镇家庭财富差距的影响问题。

三、房地产投资影响不同户主年龄城镇家庭财富的差异性分析

通过不同区域之间房地产投资对城镇家庭财富影响的差距分析得出，房地产投资扩大了城镇家庭财富的区域差距水平。在分析不同区域之间城镇家庭财富的差距时，因为没有考虑财富积累时间因素的影响，可能会使结果产生偏差。所以，本节在财富积累时间差异的基础上，分析不同户主年龄带来的房地产投资对城镇家庭财富差距的影响。在没有其他变量干扰的情况下，财富积累时间越长，家庭财富积累越多。为此本节考虑户主年龄最大的城镇家庭，以户主年龄 60 岁以上的家庭财富水平作为基准组，分别与户主年龄 20 岁及以下、21～30 岁、31～40 岁、41～50 岁、51～60 岁的群组做比较。经过比较发现，在对比的过程中总差异并不显著，房地产投资系数也不显著。由于篇幅原因，在这里不再报告不同户主年龄的 Oaxaca-Blinder 分解结果。

这一实证结果表明，在不同户主年龄下，不论户主年龄大小，房地产投资对城镇家庭财富的影响程度似乎跟年龄无关。于是，本节考虑是否是基准组设定有误差。鉴于此，多次更换基准组，再次进行 Oaxaca-Blinder 分解，但是实证结果依旧不显著。这表明，在不同户主年龄下，房地产投资对城镇家庭财富的影响并不存在差异，即城镇家庭以房地产投资的方式增加家庭财富，并不会因为不同户主年龄的财富积累时间不同而对家庭财富水平产生差距影响。

第五节 本章小结

　　本章主要是探究房地产投资对城镇家庭财富的影响，其中，影响包含两层含义，分别是绝对数量的影响和相对数量的影响。绝对数量的影响指的是房地产投资对城镇家庭财富的整体水平的影响情况；相对数量的影响指的是在不同区域之间或者不同户主年龄之间，房地产投资对城镇家庭财富的差异影响。在考虑绝对数量的影响分析中，本章运用了普通最小二乘法、倾向得分匹配等方法，探求出房地产投资对城镇家庭财富水平的影响程度。在倾向匹配方法的分析中，通过卡尺匹配、K近邻匹配、卡尺内K近邻匹配和核匹配等方法进行匹配，进而计算出平均处理效应。结果表明，房地产投资能够有效提升城镇家庭财富的水平。为了分析房地产投资影响城镇家庭财富差距的问题，本章又进行了无条件分位数回归分析及Oaxaca-Blinder分解。分解出的结果显示，从不同区域之间的差距看，房地产投资是导致城镇家庭财富差距的因素，也就是说，房地产投资虽然能加快城镇家庭财富积累，但却是导致不同区域之间城镇家庭财富差距的原因之一。从不同户主年龄角度看，房地产投资对城镇家庭财富的影响并不存在差异，即城镇家庭以房地产投资的方式增加家庭财富，并不会因为不同户主年龄的财富积累时间不同，而对家庭财富水平产生差距影响。综上所述，房地产投资能够提高城镇家庭财富水平，但房地产投资却扩大了不同区域之间的城镇家庭财富差距，这一结论跟户主年龄差异无关。

第 六 章

区域发展对城镇家庭财富的
影响研究：基于多层线性模型

本书的第四章和第五章分别分析了家庭金融资产投资中的股票基金投资、非金融资产投资中的房地产投资对城镇家庭财富积累的影响，并且梳理了城镇家庭通过股票、基金资产投资或房地产投资所带来的家庭财富变化，以及不同区域或者不同户主年龄之间影响的异质性。通过分析可知，微观家庭层面下的股票、基金投资与房地产投资都对城镇家庭财富产生了积极的影响。但是，城镇家庭财富的积累与差距也会受到宏观发展因素的影响。通俗来讲，即在上述研究中，遗漏了宏观因素对城镇家庭财富积累产生影响的分析。鉴于存在遗漏变量偏差的情况，本章将从微观家庭与宏观区域相结合的视角出发，分析影响城镇家庭财富水平的因素与影响差距产生的原因，并比较不同投资方式对城镇家庭财富影响的强弱问题。

本章旨在探讨宏观因素对城镇家庭财富水平及差距的影响，因此，研究中关注更多的是宏观因素指标如何影响城镇家庭财富水平。同时，又因为以微观个体形式存在的家庭，其经济行为也对其财富水平有着至关重要的影响，所以本章研究内容具有微观、宏观并存，以及家庭概念和区域概念并存的特点。鉴于此，本章选用多层线性分析模型（HLM）对微观、宏观视角下的两层问题进行实证论述。

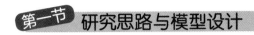

第一节 研究思路与模型设计

一、多层线性模型简介

本章在探究家庭投资偏好对城镇家庭财富水平与差异影响的同时，分析了区域发展对城镇家庭财富的作用。由于涉及宏观因素的区域变量，加之家庭因素特征变量的影响，所以本章采用多层线性模型进行分析。多层线性模型是用来研究因变量与自变量之间关系的一种系统性分析方法。该方法主要用于不同的样本层次之间的分析，也就是基于多个样本层次之间的建模。多层线性模型主要由四个模型组成，分别是空模型（零模型）、随机系数回归模型、截距模型及完整模型。其中，空模型又叫做方差成分模型，该模型就是分析组内方差和组间方差。

第一个分析模型为空模型。空模型的主要作用在于识别样本数据是否能够采用多层线性模型来进行分析。通过建立两层的统计数据分析模型，使用多层线性模型的空模型来分解城镇家庭财富，具体模型形式如下：

家庭层面：$\quad Y_{ij} = \beta_{0j} + e_{ij}$，$\mathrm{var}(e_{ij}) = \sigma_{ij}$

区域层面：$\quad \beta_{0j} = \gamma_{00} + u_{0j}$，$\mathrm{var}(u_{0j}) = t_{0j}$ $\hspace{2cm}$ (6.1)

将区域层面的模型代入家庭层面模型中，得到如下组合模型：

$$Y_{ij} = \gamma_{00} + u_{0j} + e_{ij}, \ \mathrm{var}(u_{0j}) = t_{0j}, \ \mathrm{var}(e_{ij}) = \sigma_{ij} \hspace{1cm} (6.2)$$

其中，Y_{ij} 表示被解释变量，β_{0j} 指的是第 j 个区域层面被解释变量的平均值，γ_{00} 指的是所有区域的被解释变量总体均值。空模型的主要目的为计算组内相关系数（intragroup correlation coefficient，ICC）。按照规定，当组内相关系数的取值大于 0.059，则认为样本数据模型可以组建多层线性模型。

第二个分析模型为随机参数回归模型。随机参数回归模型通常具有较强的解释能力，该模型指的是截距和斜率都会发生变化，即第一个回归模型的截距和斜率会受到剩余两个方程的影响。

第一层： $$Y_{ij} = \beta_{0j} + \beta_{1j}X_{ij} + e_{ij}$$

第二层： $$\beta_{0j} = \gamma_{00} + u_{0j}$$ (6.3)

$$\beta_{1j} = \gamma_{10} + u_{1j}$$

上述方程组称为随机参数回归模型。随机参数回归模型与随机 AN-CONA 模型不同，区别在于是否有残差项 u_{1j}。该模型将家庭层面自变量代入到第一层模型中，观测变量 X_{ij} 对被解释变量的影响。

第三个分析模型为截距模型。采用截距模型回归的目的在于测算区域层面的自变量对因变量的影响。组间方差的减少幅度即为区域层面变量解释总方差的程度。

第一层： $$Y_{ij} = \beta_{0j} + e_{ij}$$

第二层： $$\beta_{0j} = \gamma_{00} + \gamma_{01}W_j + u_{0j}$$ (6.4)

截距模型主要测算的是区域层面因变量变化对城镇家庭财富差距的影响。截距模型与随机系数回归模型相比，两者之间最大的区别在于关注点倾向于组内变异还是组间变异。截距模型测算的是组间变异对总差异的贡献情况，而随机系数回归模型测算的是组内变异对总差异的贡献情况。

第四个分析模型为完整模型。当模型包含了所有的假设条件时，该模型称为完整模型。在该模型中，既包含家庭层次的自变量，也包含区域层次的自变量。这个模型就是结合家庭层面变量和区域层面变量，用两个层面来解释说明两个层次变量如何影响被解释变量。

第一层： $$Y_{ij} = \beta_{0j} + \beta_{1j}X_{1ij} + e_{ij}$$

第二层： $$\beta_{0j} = \gamma_{00} + \gamma_{01}W_j + u_{0j}$$ (6.5)

$$\beta_{1j} = \gamma_{10} + \gamma_{11}W_j + u_{1j}$$

接下来，本节对完整模型的系数做出详尽的解释说明。在第一层的模型设定中，X_{1ij} 是家庭层面自变量对于财富水平积累的影响，这里自变量涉及性别、年龄、是否为共产党员等。为此模型第一层自变量可扩展为 X_{2ij}、X_{3ij} 等，关联着第一层和第二层数据。在第一层模型中，它表示的是截距项；在第二层模型中，它表示与第二层的第 j 个因素相关。当然，这四个模型是较为常见的四种模型。除此之外，多层线性模型还涉及脉络模型和非随机斜率模型等。由于篇幅限制，这里不再介绍。

二、研究思路设计

本章的研究思路主要有三条路线。第一条研究路线为主路线：通过构建零模型确定样本数据是否可以进行多层线性分析。如果通过检验，可分三种情况构建随机系数回归模型并进行实证估计，它们分别是金融资产投资随机系数回归模型、房地产投资随机系数回归模型、投资偏好随机系数回归模型；之后再进行区间变量的截距模型估计；最后是三种情况下的完整模型估计。第二条研究路线：在完整模型的估计中，基于相互影响的考虑，加入交互项变量继续对完整模型进行估计。第三条研究路线：从两个角度展开异质性探讨，即不同区域发展情况对城镇家庭财富的影响和不同户主年龄对城镇家庭财富的影响。最终将三条研究路线合并，探究家庭因素和区域宏观因素对城镇家庭财富的影响，以及不同区域之间的影响差异和不同户主年龄之间的影响差异。具体研究思路如图 6 - 1 所示。

三、变量选择与数据来源

本章欲构建多层线性模型进行分析，则需要先考虑变量数据之间的方差问题。为了减少数据变量中的极端值对数据的影响，本章建模时，剔除城镇家庭财富两端的部分数值，构造了 29 个省份样本量为 17665 的样本分

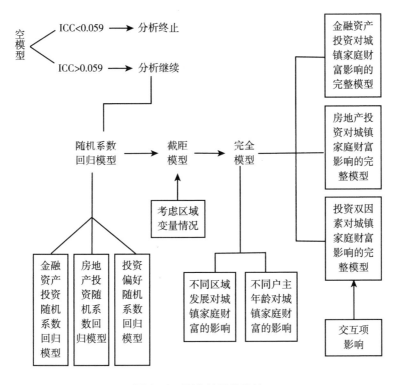

图 6-1　研究的思路设计

析集，并按照层次将得到的研究数据集进行描述性统计分析，其中包含家庭层面的微观数据及区域层面的宏观数据两大类。其中，本章从宏观区域发展影响家庭收入的角度，结合非均衡发展的相关理论，选取了人均GDP、人均铁路里程、人均公路里程、人均税收收入、人均财政支出为区域层面指标。

从描述性统计分析的结果可以看出，不论是家庭层面的变量还是区域层面的变量，标准差数值较小，说明数据波动都较平稳（见表6-1）。需要说明的是，在家庭层面的微观数据中，如果家庭中有风险性金融资产投资，则取值为1；如果家庭中没有风险性金融资产投资，则取值为0。其中，风险性金融资产投资测算采用家庭是否拥有股票基金投资作为代理变量。同样，如果家庭中有房地产投资，则取值为1；如果家庭中没有房地产投资，则取值为0。从数据中可以得知，城镇家庭中从事风险性金融资产投资的比例为20%，从事房地产投资的比例为15%。区域层面的变量数据都经过对数处理，进而减弱了模型可能存在的异方差影响。

表6-1   研究变量的描述性统计分析

层次	变量名称	观测个数（个）	中位数	标准差	最小值	最大值
家庭层面	城镇家庭财富	17665	13.85	1.55	8.70	16.34
	风险性金融资产投资	17665	0.20	0.40	0.00	1.00
	房地产投资	17665	0.15	0.36	0.00	1.00
	户主文化水平	17665	11.22	3.83	0.00	22.00
	家庭年收入	17665	11.12	1.26	0.05	15.42
区域层面	人均GDP	29	6.20	2.81	2.84	12.90
	人均铁路里程	29	1.17	1.03	0.19	5.01
	人均公路里程	29	38.19	24.33	5.51	135.28
	人均税收收入	29	0.56	0.52	0.21	2.43
	人均财政支出	29	1.43	0.61	0.86	3.14

四、模型估计方法

一般情况下，多层线性模型的估计方法有三种，分别是完全最大似然估计、受限制的最大似然估计和贝叶斯估计。这三种估计方法的关系如下：首先，完全最大似然估计的基本思路是利用模型先行估计固定效应，在固定效应估计结果的基础上，再进行方差成分估计，以此类推不断继续，到估计值不再发生变化时，估计结束。这种方法的估计偏差容易受到样本数量的影响，如果样本量较大时，估计结果不会有变化；但是，如果样本量较少时，可能会导致估计标准误差偏小。其次，受限的最大似然估计区分了固定效应与方差成分估计的过程，由此推断的小样本估计量将会更有效。但是，这两种最大似然估计方法都不能够准确地估计小样本情况下的方差问题，这些方法会导致方差估值偏低。最后，为了解决这一问题，部分学者提出利用贝叶斯估计的方法进行估计。所以，大多数情况下贝叶斯估计的方法更适用于小样本数量的情况。

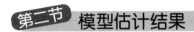

第二节　模型估计结果

一、零模型估计

本章第一节已经介绍，构建零模型的目的就是为了计算内部相关系数（ICC）。不同的统计软件在处理多层线性模型时，计算结果不同。例如，Mplus 软件在计算内部相关系数时，计算了全部变量的内部相关系数，其实只需计算被解释变量的内部相关系数。因此，根据研究的需要，本节使用了多层线性模型（hierarchical linear and nonlinear model，HLM）的统计软件，其在计算内部相关系数时，仅计算了被解释变量的内部相关系数。由前面可知，如果内部相关系数的数值大于 0.059，那么模型就可以进行多层线性分析。经过计算，组间方差为 2.1638，组内方差为 0.2029（见表 6-2）。内部相关系数就是组内方差除以组间方差与组内方差之和。计算之后的内部相关系数值为 8.57%，该数值大于 0.059，可以进行多层线性回归。这里需要补充说明的是，组间方差指的是区域层面的差异情况，组内方差指的是家庭内部之间的差异情况。

表 6-2　　　　　　　　　　　零模型估计结果

方差类型	标准差	方差成分分解	自由度	卡方值	p 值
组间方差	0.4504	0.2029	28	2126	0.000
组内方差	1.4710	2.1638			

二、风险性金融资产投资的随机系数回归模型估计

在考虑金融资产投资时，本部分仅考虑风险性金融资产投资影响城镇家庭财富的情况，故本节构建风险性金融资产投资随机系数回归模型。在

家庭层面的变量选择中，核心解释变量为家庭是否参与风险性金融资产投资，控制变量仅选取家庭收入水平（工薪）和户主受教育程度。理由如下：第一家庭的工薪收入水平越高，则家庭才有可能从事风险性金融资产投资；第二家庭的风险性金融资产投资与户主的知识储备、受教育程度有关，所以研究选择了这两个控制变量。由于后续研究需要进行交互项的调节验证，本节便对家庭收入水平和户主受教育程度两个变量进行中心化减处理，使得模型拟合之后的系数更具有实际含义。在选择区域层面的变量时，不加入任何解释变量，即跟空模型的设定情况相同。风险性金融资产投资变量属于分类变量，只有 0 或者 1 两种情况可以选择，故在模型估计的时候，该变量不加入任何随机项。其中，变量分别为城镇家庭财富、风险性金融资产投资、户主受教育水平、家庭收入。

因此，模型估计方程如下。

第一层：

$$JTCF_{ij} = \beta_{0j} + \beta_{1j}(JRTC_{ij}) + \beta_{2j}(CULTURE_{ij} - \overline{CULTURE_{ij}}) \quad (6.6)$$
$$+ \beta_{3j}(INCOME_{ij} - \overline{INCOME_{ij}}) + r_{ij}$$

第二层：

$$\beta_{0j} = \gamma_{00} + \mu_{0j}$$
$$\beta_{1j} = \gamma_{10}$$
$$\beta_{2j} = \gamma_{20} + \mu_{2j} \quad (6.7)$$
$$\beta_{3j} = \gamma_{30} + \mu_{3j}$$

将第一层函数模型与第二层函数模型混合之后，得到风险性金融资产投资对城镇家庭财富影响的混合模型为：

$$JTCF_{ij} = \gamma_{00} + \gamma_{10}(JRTC_{ij}) + \gamma_{20}(CULTURE_{ij} - \overline{CULTURE_{ij}})$$
$$+ \gamma_{30}(INCOME_{ij} - \overline{INCOME_{ij}})$$
$$+ \mu_{0j} + \mu_{2j}(CULTURE_{ij} - \overline{CULTURE_{ij}}) \quad (6.8)$$
$$+ \mu_{3j}(INCOME_{ij} - \overline{INCOME_{ij}}) + r_{ij}$$

接下来，对上述设计模型进行估计，估计后的组内方差结果为 1.8276，说明加入的核心解释变量与控制变量有效地解释了影响城镇家庭财富水平的问题。

根据上式，常数项表示城镇家庭财富在无其他变量影响时的均值情况。风险性金融资产投资表示风险性金融资产投资对城镇家庭财富的影响，即当家庭从事风险性金融投资时，城镇家庭财富增加的均值为 0.607；系数取值为正，说明风险性金融资产投资能够对城镇家庭财富积累起到积极作用。教育边际财富倾向表示户主的文化程度，即受教育水平对城镇家庭财富的影响。户主的受教育水平每增加 1 年，城镇家庭财富的水平会增加 0.061 个单位。收入边际财富倾向表示收入水平每增加 1 个单位可使城镇家庭财富水平增加 0.295 个单位。从显著性水平而言，模型的核心解释变量与控制变量均在 1% 的显著性水平上通过检验（见表 6 - 3）。

表 6 - 3 风险性金融资产投资的随机系数回归模型

变量名称	系数取值	标准差	t 值	自由度	p 值
常数项	13.66	0.074	184.96	28	0.000
风险性金融资产投资	0.607	0.045	13.399	17643	0.000
教育边际财富倾向	0.061	0.006	10.001	28	0.000
收入边际财富倾向	0.295	0.014	20.683	28	0.000

三、房地产投资的随机系数回归模型估计

根据第五章的论证，在一定程度上，房地产投资也能够对城镇家庭财富起到积极作用。本部分就以房地产投资为核心解释变量，构建随机系数回归模型。基于比较分析的原则，该部分依旧选择家庭收入水平（工薪）和户主受教育程度作为控制变量，并做中心化平减处理。对于第二层区域层面的模型，因为房地产投资变量为分类变量，所以在第二层区域层面中，房地产投资不添加随机处理效应残差项，其他变量均添加残差效应。

其中，变量为房地产投资。模型估计方程如下：

第一层：

$$JTCF_{ij} = \beta_{0j} + \beta_{1j}(FDCTZ_{ij}) + \beta_{2j}(CULTURE_{ij} - \overline{CULTURE_{ij}}) \tag{6.9}$$
$$+ \beta_{3j}(INCOME_{ij} - \overline{INCOME_{ij}}) + r_{ij}$$

第二层：

$$\beta_{0j} = \gamma_{00} + \mu_{0j}$$
$$\beta_{1j} = \gamma_{10}$$
$$\beta_{2j} = \gamma_{20} + \mu_{2j} \tag{6.10}$$
$$\beta_{3j} = \gamma_{30} + \mu_{3j}$$

将第一层函数模型与第二层函数模型混合之后，得到房地产投资对城镇家庭财富影响的混合模型为：

$$JTCF_{ij} = \gamma_{00} + \gamma_{10}(FDCTZ_{ij}) + \gamma_{20}(CULTURE_{ij} - \overline{CULTURE_{ij}})$$
$$+ \gamma_{30}(INCOME_{ij} - \overline{INCOME_{ij}})$$
$$+ \mu_{0j} + \mu_{2j}(CULTURE_{ij} - \overline{CULTURE_{ij}}) \tag{6.11}$$
$$+ \mu_{3j}(INCOME_{ij} - \overline{INCOME_{ij}}) + r_{ij}$$

接下来，本节对模型进行估计，估计后的组内方差结果为1.736，说明加入的核心解释变量与控制变量有效地解释了城镇家庭财富的水平问题。

从该模型的回归情况来看，模型系数都在1%的显著性水平上通过检验，同时，模型的组内方差在减小。从系数值上来看，房地产投资对城镇家庭财富的边际影响为0.929，表示如果家庭进行房地产投资，则能够使家庭财富增加0.929个单位。教育边际财富倾向系数值为0.065，表示每增加1年的受教育情况，城镇家庭的财富水平会增加0.065个单位。工薪收入边际财富倾向的回归系数值为0.258，这说明工薪收入水平每增加1个单位，城镇家庭的财富会增加0.258个单位。通过与风险性金融资产投资带来的财富影响系数比较发现，房地产投资带来的边际财富倾向较高，且更能够有效地激发城镇家庭财富积累。风险性金融资产投资与房地产投资都能够为城镇家庭财富带来显著的积极效应，接下来通过构建含有两个核心解释变量的随机系数回归模型来进一步分析两者对城镇家庭财富的影响（见表6-4）。

表6-4　　　　　　　　房地产投资随机系数回归模型

变量名称	系数取值	标准差	t 值	自由度	p 值
常数项	13.533	0.078	173.52	28	0.000
房地产投资边际财富倾向	0.929	0.024	39.2	17643	0.000
教育边际财富倾向	0.065	0.006	11.216	28	0.000
收入边际财富倾向	0.258	0.015	17.35	28	0.000

四、投资偏好的随机系数回归模型估计

风险性金融资产投资与房地产投资都能够为城镇家庭带来边际财富倾向。为比较其关系强弱和作用特征，将风险性金融资产投资与房地产投资都纳入到模型中，同时加入控制变量户主受教育年限以及家庭收入（工薪）情况。在此基础上，再构建投资偏好的随机系数回归模型。模型估计方程具体为：

第一层：

$$JTCF_{ij} = \beta_{0j} + \beta_{1j}(FDCTZ_{ij}) + \beta_{2j}(JRTC_{ij}) + \beta_{3j}(CULTURE_{ij} - \overline{CULTURE_{ij}})$$
$$+ \beta_{4j}(INCOME_{ij} - \overline{INCOME_{ij}}) + r_{ij} \tag{6.12}$$

第二层：

$$\beta_{0j} = \gamma_{00} + \mu_{0j}$$
$$\beta_{1j} = \gamma_{10}$$
$$\beta_{2j} = \gamma_{20} \tag{6.13}$$
$$\beta_{3j} = \gamma_{30} + \mu_{3j}$$
$$\beta_{4j} = \gamma_{40} + \mu_{4j}$$

将第一层函数模型与第二层函数模型混合之后，得到风险性金融资产投资和房地产投资对城镇家庭财富影响的混合模型为：

$$
\begin{aligned}
JTCF_{ij} = {} & \gamma_{00} + \gamma_{10}(FDCTZ_{ij}) + \gamma_{20}(JRTC_{ij}) \\
& + \gamma_{30}(CULTURE_{ij} - \overline{CULTURE_{ij}}) \\
& + \gamma_{40}(INCOME_{ij} - \overline{INCOME_{ij}}) + \mu_{0j} \\
& + \mu_{3j}(CULTURE_{ij} - \overline{CULTURE_{ij}}) \\
& + \mu_{4j}(INCOME_{ij} - \overline{INCOME_{ij}}) + r_{ij}
\end{aligned}
\tag{6.14}
$$

接下来对模型进行估计，估计后的组内方差结果为 1.704，说明加入两个核心解释变量与其他控制变量后，模型组内方差减小，即研究变量有效地解释了城镇家庭财富水平的问题。

投资偏好随机系数回归模型的估计结果如表 6-5 所示，从估计结果看，房地产投资边际财富倾向数值最高，对城镇家庭财富的积累效果最强。如果家庭进行房地产投资，城镇家庭财富平均会增加 0.8976 个单位。同样，风险性金融资产投资也能够使城镇家庭财富水平增加，其边际财富倾向为 0.5353。这两个系数取值与之前独立模型时的估计结果比较，并没有较大幅度变化。教育边际财富倾向和收入边际财富倾向均为正值，其作用水平分别为 0.056 和 0.243，收入的边际财富倾向水平略高。

表 6-5　　　　　　　　　投资偏好随机系数回归模型

变量名称	系数取值	标准差	t 值	自由度	p 值
常数项	13.469	0.0766	175.72	28	0.000
房地产投资边际财富倾向	0.8976	0.0215	41.77	17642	0.000
金融投资边际财富倾向	0.5353	0.0368	14.54	17642	0.000
教育边际财富倾向	0.056	0.0058	9.63	28	0.000
收入边际财富倾向	0.243	0.0138	17.62	28	0.000

五、区域层次的截距模型估计

之前的内容讨论了随机系数回归模型的三种情况，这三种情况都是家庭层次的微观变量因素对于城镇家庭财富的影响。考虑城镇家庭财富水平不仅跟微观变量因素有关，而且还跟区域层面变量有关，因此可能存在遗漏解释变量未被挖掘。故本部分将宏观区域层次因素变量纳入到模型中，为此，本部分对仅含有区域层次的截距模型进行估计分析。其中，变量分别为 GDP（PGDP）、人均铁路里程（RJTLLC）、人均公路里程（RJGLLC）、人均税收收入（RJSSSR）、人均财政支出（RJCZZC）。人均 GDP 用来表示市场规模或者经济发展程度；人均铁路里程和人均公路里程代表区域内部城市之间的连通情况，因此用这两个指标表示区域间地域关联水平；人均税收收入表示财政税收来源或者说是政府的征税程度；人均财政支出代表宏观财政支出水平，如果该指标对家庭财富具有积极作用，则说明财政支出合理，且能够使家庭财富水平增加。

模型的估计方程为：

第一层：

$$JTCF_{ij} = \beta_{0j} + \beta_{1j}(CULTURE_{ij} - \overline{CULTURE_{ij}})$$
$$+ \beta_{2j}(INCOME_{ij} - \overline{INCOME_{ij}}) + r_{ij} \tag{6.15}$$

第二层：

$$\beta_{0j} = \gamma_{00} + \gamma_{01}(PGDP_j) + \gamma_{02}(RJTLLC_j) + \gamma_{03}(RJGLLC_j)$$
$$+ \gamma_{04}(RJSSSR_j) + \gamma_{04}(RJCZZC_j) + \mu_{0j} \tag{6.16}$$

$$\beta_{1j} = \gamma_{10} + \mu_{1j}$$

$$\beta_{2j} = \gamma_{20} + \mu_{2j}$$

将第一层函数模型与第二层函数模型混合之后，得到宏观因素对城镇家庭财富影响的混合模型为：

$$JTCF_{ij} = \gamma_{00} + \gamma_{10}(PGDP_j) + \gamma_{02}(RJTLLC_j) + \gamma_{03}(RJGLLC_j) + \gamma_{04}(RJSSSR_j)$$
$$+ \gamma_{04}(RJYSZC_j) + \gamma_{10}(CULTURE_{ij} - \overline{CULTURE_{ij}})$$
$$+ \gamma_{20}(INCOME_{ij} - \overline{INCOME_{ij}}) + \mu_{0j}$$
$$+ \mu_{1j}(CULTURE_{ij} - \overline{CULTURE_{ij}}) \tag{6.17}$$
$$+ \mu_{2j}(INCOME_{ij} - \overline{INCOME_{ij}}) + r_{ij}$$

对截距模型进行回归估计，得到估计结果如表6-6所示。

表6-6   区域层面的截距模型估计

变量名称	系数取值	标准差	t值	自由度	p值
常数项	13.105	0.182	71.96	23	0.000
人均GDP	0.112	0.023	4.907	23	0.000
人均铁路里程	0.003	0.002	2.091	23	0.048
人均公路里程	0.007	0.003	2.246	23	0.035
人均税收收入	-0.013	0.004	-3.247	23	0.021
人均财政支出	0.039	0.017	2.257	23	0.013
教育边际财富倾向	0.070	0.006	11.433	28	0.000
收入边际财富倾向	0.316	0.015	20.557	28	0.000

运用截距模型估计区域层面的五个变量可以发现，模型中变量均在5%的显著性水平下通过了检验。其中，人均铁路里程和人均公路里程对于城镇家庭财富的影响为正，但是其数值较小，这说明人均铁路里程和人均公路里程对城镇家庭财富的影响虽然具有积极作用，但是这种积极作用很微弱。人均税收收入显著，数值为-0.013，这说明人均税收对于城镇家庭财富的影响为负，即税收削减了城镇家庭财富水平。人均财政支出的影响为正但系数小，这说明其对城镇家庭财富的影响虽然是积极的，但是影响幅度不是很大。原因之一可能是财政支出水平较低，即国家用于财政支出的整体水平低；另一个原因可能是转移性支出所占比例较小。因为转移性支出是政府单方向的一种无偿财富支出，能够直接作用于家庭财富水平，如城镇居民最低生活保障。最后，人均GDP的系数为正，且在统计学检验中系数显著，说明市场规模或者区域的经济发展水平能够有效提升城镇家庭财富水平的积累。

六、多层线性回归完整模型估计

本部分要进行分析的是多层次线性回归的完整模型估计。完整模型共有四种假设类型，分别是风险性金融资产投资影响城镇家庭财富的完整模型、房地产投资影响城镇家庭财富的完整模型、投资偏好影响城镇家庭财富的完整模型及含有交互项的完整模型。

风险性金融资产投资影响城镇家庭财富的完整模型为：

第一层：

$$
\begin{aligned}
JTCF_{ij} = \beta_{0j} + \beta_{1j}(JRTC_{ij}) + \beta_{2j}(CULTURE_{ij} - \overline{CULTURE_{ij}}) \\
+ \beta_{3j}(INCOME_{ij} - \overline{INCOME_{ij}}) + r_{ij}
\end{aligned}
\tag{6.18}
$$

第二层：

$$
\begin{aligned}
\beta_{0j} = \gamma_{00} + \gamma_{01}(PGDP_j) + \gamma_{02}(RJYLLC_j) + \gamma_{03}(RJGLLC_j) \\
+ \gamma_{04}(RJSSSR_j) + \gamma_{04}(RJCZZC_j) + \mu_{0j}
\end{aligned}
$$

$$
\beta_{1j} = \gamma_{10}
$$

$$
\beta_{2j} = \gamma_{20} + \mu_{2j}
\tag{6.19}
$$

$$
\beta_{3j} = \gamma_{30} + \mu_{3j}
$$

将第一层函数模型与第二层函数模型混合之后，得到风险性金融资产投资影响城镇家庭财富的完整混合模型为：

$$
\begin{aligned}
JTCF_{ij} = \gamma_{00} + \gamma_{10}(PGDP_j) + \gamma_{02}(RJTLLC_j) + \gamma_{03}(RJGLLC_j) + \gamma_{04}(RJSSSR_j) \\
+ \gamma_{05}(RJCZZC_j) + \gamma_{10}(JRTZ_{ij}) + \gamma_{20}(CULTURE_{ij} - \overline{CULTURE_{ij}}) \\
+ \gamma_{30}(INCOME_{ij} - \overline{INCOME_{ij}}) + \mu_{0j} + \mu_{2j}(CULTURE_{ij} - \overline{CULTURE_{ij}}) \\
+ \mu_{3j}(INCOME_{ij} - \overline{INCOME_{ij}}) + r_{ij}
\end{aligned}
\tag{6.20}
$$

从风险性金融资产投资影响城镇家庭财富的完整模型可以看出，不论是家庭层次变量还是区域层次变量都显著地通过检验。其中，区域宏观层次变量中的人均铁路里程、人均公路里程以及人均财政支出，三者的系数虽然为正，但是其数值较小；在一定程度上人均 GDP 对城镇家庭财富水平具有积极作用，其影响系数为 0.112；人均税收收入影响城镇家庭财富的程度依旧为负数。从家庭层面的解释变量来看，风险性金融资产投资对城镇家庭财富的影响为0.607，教育的边际财富倾向为0.070，收入的边际财富倾向为0.316。在家庭层面的解释变量中，风险性金融资产投资对城镇家庭财富的影响程度最大，系数值最高（见表6-7）。

表6-7 风险性金融资产投资影响城镇家庭财富的完整模型

变量名称	系数取值	标准差	t 值	自由度	p 值
常数项	13.03	0.182	71.96	23	0.000
人均 GDP	0.112	0.023	4.907	23	0.000
人均铁路里程	0.007	0.004	1.864	23	0.085
人均公路里程	0.006	0.003	2.216	23	0.048
人均税收收入	−0.046	0.021	−2.233	23	0.035
人均财政支出	0.038	0.014	2.717	23	0.017
风险性金融资产投资	0.607	0.046	13.26	17638	0.000
教育边际财富倾向	0.070	0.006	11.433	28	0.000
收入边际财富倾向	0.316	0.015	20.557	28	0.000

接下来本节构建仅含有房地产投资影响城镇家庭财富的完整模型。

本部分考虑房地产投资对于城镇家庭财富的影响，在构建的完整模型估计中，变量全部通过了10%的显著性水平检验。人均铁路里程、人均公路里程对城镇家庭财富的影响虽然通过了10%的显著性水平检验，但是却没有通过5%的显著性水平检验。并且，两个变量的影响程度均不高。人均税收收入的边际财富效应为−0.064，人均 GDP 的边际财富效应为0.107，人均财政支出的边际财富效应为0.039。房地产投资能够给城镇家庭财富带来较大的积极影响，其边际财富效应最大，系数值为0.931。与之前的研究相比，教育边际财富倾向与收入边际财富倾向的取值变动不大。经过研究风险性金融资产投资与房地产投资对家庭财富的影响发现，尚缺乏对影响程度的比较分析。因此，接下来从家庭层面和区域层面入手，共同检验风险性金融资产投资与房地产投资对城镇家庭财富影响的强弱，将两个核心解释变量引入到待估方程中，构建投资偏好影响城镇家庭财富的完整模型（见表6-8）。

表6-8　　　　　　　房地产投资影响城镇家庭财富的完整模型

变量名称	系数取值	标准差	t值	自由度	p值
常数项	12.93	0.176	71.96	23	0.000
人均GDP	0.107	0.023	4.907	23	0.000
人均铁路里程	0.084	0.046	2.091	23	0.080
人均公路里程	0.006	0.003	2.246	23	0.062
人均税收收入	-0.064	0.022	-2.476	23	0.008
人均财政支出	0.039	0.014	2.717	23	0.009
房地产投资	0.931	0.024	38.791	17638	0.000
教育边际财富倾向	0.064	0.006	11.433	28	0.000
收入边际财富倾向	0.259	0.015	17.305	28	0.000

　　将风险性金融资产投资与房地产投资两个核心解释变量全部放入模型中，得到投资偏好影响城镇家庭财富的完整模型。从系数的显著性检验来看，模型中的变量全部通过10%的显著性水平检验。其中，房地产投资的边际财富倾向为0.899，风险性金融资产投资的边际财富倾向为0.535。通过比较二者的回归系数，依旧能够证明房地产投资能够给城镇家庭带来更多的家庭财富。从区域层次变量来看，在一定程度上，人均税收收入显著地通过检验，但是其系数值为负，说明其与城镇家庭财富水平的积累成反比。人均GDP的边际财富倾向为0.109，与之前的两个完整模型相比，影响系数变化不大。人均GDP指的是经济发展水平，经济发展水平影响财富积累有可能与教育因素有关，也有可能与工薪收入因素有关。所以，人均GDP影响城镇家庭财富，可能跟家庭工薪收入和户主受教育年限有关。因此，构建含人均GDP作为交互项的待估模型（见表6-9）。

表6-9　　　　　　投资偏好影响城镇家庭财富的完整模型

变量名称	系数取值	标准差	t值	自由度	p值
常数项	12.868	0.168	76.588	23	0.000
人均GDP	0.109	0.021	5.138	23	0.000
人均铁路里程	0.066	0.023	2.869	23	0.009
人均公路里程	0.005	0.003	1.806	23	0.084
人均税收收入	-0.056	0.021	-2.677	23	0.014

变量名称	系数取值	标准差	t 值	自由度	p 值
人均财政支出	0.037	0.013	2.814	23	0.010
风险性金融资产投资	0.535	0.037	14.405	17637	0.000
房地产投资	0.899	0.021	41.958	17637	0.000
教育边际财富倾向	0.055	0.006	9.433	28	0.000
收入边际财富倾向	0.243	0.014	17.586	28	0.000

含交互项调节作用的影响城镇家庭财富的完整模型估计方程为:

第一层:

$$JTCF_{ij} = \beta_{0j} + \beta_{1j}(FDCTZ_{ij}) + \beta_{2j}(JRTC_{ij}) + \beta_{3j}(CULTURE_{ij} - \overline{CULTURE_{ij}})$$

$$+ \beta_{4j}(INCOME_{ij} - \overline{INCOME_{ij}}) + r_{ij} \tag{6.21}$$

第二层:

$$\beta_{0j} = \gamma_{00} + \gamma_{01}(PGDP_j) + \gamma_{02}(RJYLLC_j) + \gamma_{03}(RJGLLC_j)$$

$$+ \gamma_{04}(RJSSSR_j) + \gamma_{04}(RJCZZC_j) + \mu_{0j}$$

$$\beta_{1j} = \gamma_{10}$$

$$\beta_{2j} = \gamma_{20} \tag{6.22}$$

$$\beta_{3j} = \gamma_{30} + \gamma_{31}(PGDP_j - \overline{PGDP_j}) + \mu_{3j}$$

$$\beta_{4j} = \gamma_{40} + \gamma_{41}(PGDP_j - \overline{PGDP_j}) + \mu_{4j}$$

将第一层函数模型与第二层函数模型混合之后,得到含交互项调节作用的影响城镇家庭财富的完整混合模型。

$$JTCF_{ij} = \gamma_{00} + \gamma_{10}(PGDP_j) + \gamma_{02}(RJTLLC_j) + \gamma_{03}(RJGLLC_j) + \gamma_{04}(RJSSSR_j)$$

$$+ \gamma_{05}(RJCZZC_j) + \gamma_{10}(JRTZ_{ij}) + \gamma_{20}(FDCTZ_{ij}) + \gamma_{30}(CULTURE_{ij}$$

$$- \overline{CULTURE_{ij}}) + \gamma_{31}(PGDP_j - \overline{PGDP_j})(CULTURE_{ij} - \overline{CULTURE_{ij}})$$

$$+ \gamma_{41}(INCOME_{ij} - \overline{INCOME_{ij}})(PGDP_j - \overline{PGDP_j}) + \gamma_{40}$$

$$\times (INCOME_{ij} - \overline{INCOME_{ij}}) + \mu_{0j} + \mu_{3j}(CULTURE_{ij} - \overline{CULTURE_{ij}})$$

$$+ \mu_{4j}(INCOME_{ij} - \overline{INCOME_{ij}}) + r_{ij} \tag{6.23}$$

模型的估计结果如表 6 – 10 所示。

表 6 – 10　　　　　　　　　交叉项调节作用完整模型

变量名称	系数取值	标准差	t 值	自由度	p 值
常数项	13.542	0.168	76.588	23	0.000
人均 GDP	0.115	0.021	5.138	23	0.000
人均铁路里程	0.068	0.023	2.956	23	0.009
人均公路里程	0.005	0.003	1.806	23	0.084
人均税收收入	-0.057	0.021	-2.677	23	0.014
人均财政支出	0.037	0.013	2.814	23	0.010
风险性金融资产投资	0.535	0.037	14.405	17637	0.000
房地产投资	0.900	0.021	41.958	17637	0.000
教育边际财富倾向	0.056	0.006	9.433	28	0.000
收入边际财富倾向	0.241	0.014	17.586	28	0.000
教育调节效应	0.005	0.002	2.507	27	0.019
收入调节效应	0.131	0.005	28.42	27	0.009

加入交互项之后，模型整体的拟合情况良好，所有变量均在 10% 的显著性水平上通过了检验。其他变量与之前未加入调节变量相比，模型整体上系数变化不大，说明加入交互项之后，模型结果并没有较大变化。交互项系数显著，教育调节人均 GDP 的财富影响为 0.005，而收入调节人均 GDP 的财富影响为 0.131。

综上所述，本部分共进行了四类模型的检验与估计。首先，利用零模型探讨多层线性模型是否可行，计算得出的内部相关系数大于临界值 0.059，说明可以利用多层线性模型进行实证分析。其次，本节分别运用随机系数回归模型进行实证分析，探究风险性金融资产投资和房地产投资两者对城镇家庭财富水平的影响情况。再次，在区域层面引入宏观解释变量构建截距模型，继续探讨宏观层面变量对城镇家庭财富的影响。最后，基于家庭层面变量与区域层面变量的结合，对风险性金融资产投资和房地产投资的城镇家庭财富影响情况进行完整模型分析，然后再进行交互项调节效应检验。以上研究得出的结论表明，风险性金融资产投资和房地产投资都能够积极地影响城镇家庭财富水平，且房地产投资的影响程度更大。在宏观变量中，人均 GDP、人均财政支出都对城镇家庭财富水平具有正效应，人均税收收入对城镇家庭财富水平具有负效应。区域间地域关联水平对城镇家庭也有积极影响，但是数值较小，或者说影响较微弱。当模型加入交叉调整项之后，模型系数变化不大，交互项也显著地通过了检验。

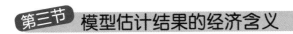

第三节 模型估计结果的经济含义

一、区域发展与投资偏好对不同区域城镇家庭财富的影响

在第四章的分析中，为了区分不同区域财富水平情况，我们把研究的 29 个省份划分为三个区域，分别是高财富区域、中财富区域、低财富区域。本部分的目的是探究不同区域发展状况下，风险性金融资产投资与房地产投资对城镇家庭财富是否存在差异影响，继而探究出造成城镇家庭财富差距的原因。本部分仍采用多层线性模型的方法来进行研究，由于篇幅原因，这里仅报告含有交互项调节效应的完整模型估计情况。含交互项调节效应的待估方程完整混合模型类似于式（6.23）。

对高财富省份家庭进行的多层线性分析，通过模型的拟合结果可知，变量基本上都通过了显著性水平检验，交互项系数没有通过 1% 的显著性水平检验。从区域层次变量看，人均铁路里程、人均财政支出对高财富省份家庭的财富积累作用分别是 1.236、1.334；人均税收收入对高财富省份家庭的财富积累作用为负，数值为 -0.767（见表 6-11）。同时，核心变量风险性金融资产投资和房地产投资均通过显著性检验，并且从系数来看，房地产投资带来的边际财富倾向水平要高。教育和收入的边际财富倾向均为正值，但是两者的调节效应系数较小，且收入调节区域变量对城镇家庭财富的影响未通过显著性检验。本部分继续分析中财富省份家庭和低财富省份家庭的情况。同样，对两类省份家庭进行含有交互项调节效应的完整模型估计，估计结果如表 6 - 12 所示。

表 6 - 11　　　高财富省份家庭含有调节效应的完整模型

变量名称	系数取值	标准差	t 值	自由度	p 值
常数项	13.722	0.138	99.399	3	0.000
人均 GDP	0.132	0.023	5.882	3	0.001
人均铁路里程	1.236	0.200	6.181	3	0.000
人均公路里程	0.062	0.017	3.561	3	0.003
人均税收收入	-0.767	0.253	-3.032	3	0.005
人均财政支出	1.334	0.220	6.052	3	0.000
风险性金融资产投资	0.505	0.044	11.496	7834	0.000
房地产投资	0.942	0.044	21.419	7834	0.000
教育边际财富倾向	0.047	0.011	4.411	7	0.003
收入边际财富倾向	0.288	0.017	14.020	7	0.000
教育调节效应	0.010	0.004	2.613	7	0.035
收入调节效应	0.009	0.007	1.145	7	0.290

表 6 - 12　　　中财富省份家庭含有调节效应的完整模型

变量名称	系数取值	标准差	t 值	自由度	p 值
常数项	13.409	0.286	46.882	5	0.000
风险性金融资产投资	0.608	0.055	11.090	4640	0.000
房地产投资	0.900	0.045	20.160	4640	0.000
教育边际财富倾向	0.049	0.006	7.631	9	0.000
收入边际财富倾向	0.206	0.025	8.147	9	0.000

在中财富省份家庭的研究中，区域层面的变量不显著，并且交互项也不显著。这里仅报告显著解释变量的结果。在中财富省份家庭中，微观家庭层面的解释变量均显著，但是宏观区域层面的解释变量均不显著。这说明对于中财富省份家庭来说，宏观区域变量并不能够对城镇家庭财富起到影响作用；而在高、中财富省份家庭之间，变量影响城镇家庭财富水平存在明显的差异性。在此基础上，本部分继续探究低财富省份家庭投资偏好影响城镇家庭财富的情况。

通过实证研究发现，低财富省份家庭的宏观区域层面和调节效应也都不显著，本节仅报告显著变量部分。从回归系数取值上发现，收入边际财富倾向依旧要高于教育边际财富倾向，房地产投资边际财富倾向要高于风险性金融资产投资边际财富倾向（见表6－13）。

表6－13 低财富省份家庭含有调节效应的完整模型

变量名称	系数取值	标准差	t 值	自由度	p 值
常数项	12.643	0.312	40.525	3	0.000
金融资产投资	0.520	0.054	9.550	5155	0.000
房地产投资	0.848	0.038	22.187	5155	0.000
教育边际财富倾向	0.072	0.009	7.836	7	0.000
收入边际财富倾向	0.230	0.025	9.284	7	0.000

通过上述研究可以发现，不同区域发展和投资偏好对于城镇家庭财富的影响具有相同点与不同点。相同点在于房地产投资对城镇家庭财富水平的积累作用更强，家庭收入边际财富倾向要大于教育边际财富倾向。不同点在于城镇家庭财富是否受宏观因素影响跟区域家庭财富水平有直接关系。高财富省份家庭受区域发展影响较大，中、低财富省份家庭受区域发展影响不显著。从区域角度看，不同区域之间宏观区域层面变量对于城镇家庭财富的影响具有区域差异性。也就是说，区域变量可以解释城镇家庭财富之间存在的差距。

二、区域发展与投资偏好对不同户主年龄城镇家庭财富的影响

考虑在不同户主年龄下的区域发展宏观变量与投资偏好微观变量对城镇家庭财富的影响会有不同，因此，本部分旨在考察不同户主年龄视角下，区域发展与投资偏好对城镇家庭财富的影响。正如前面讨论的观点，城镇家庭财富的差异表现在两个方面，分别是不同区域之间的差异和不同户主年龄之间的差异。通常情况下，家庭财富的积累与时间因素有关，假设不同户主年龄可以代理表示其所在家庭拥有财富的积累时间，

其中户主年龄越大，说明家庭财富积累的时间越长。因此，探究不同户主年龄视角下城镇家庭财富的影响因素，可从财富积累时间角度挖掘到新的影响信息。考虑25岁以下的居民家庭实现财富积累难度较大，或者说其财富都是代际转移的结果，这与本章研究主题不符。如果将其纳入研究对象，可能会对整体样本产生较大的影响，进而导致估计量有偏。因此，本部分剔除户主年龄小于25岁的家庭，研究的样本为户主年龄大于等于25岁的家庭。同时，本部分探讨的是区域发展与投资偏好在不同户主年龄条件下对城镇家庭财富的影响程度，故进行异质性分析时，将研究范围划分为25～50岁、50岁以上两个部分。研究样本的描述性统计结果如表6-14所示。

表6-14　　　　　　　　不同户主年龄的家庭样本描述性统计

层次	变量名称	观测个数	中位数	标准差	最小值	最大值
家庭层面	城镇家庭财富	17284	13.88	1.53	8.70	16.34
	风险性金融资产投资	17284	0.21	0.41	0.00	1.00
	房地产投资	17284	0.15	0.36	0.00	1.00
	户主受教育水平	17284	11.16	3.83	0.00	22.00
	家庭工薪收入水平	17284	9.13	1.25	0.05	11.42
区域层面	人均GDP	77	7.37	1.26	4.32	12.90
	人均铁路里程	77	0.88	0.14	0.41	1.30
	人均公路里程	77	29.69	4.87	10.24	45.47
	人均税收收入	77	0.76	0.26	0.30	2.15
	人均财政支出	77	1.54	0.29	0.99	3.14

从描述性统计的结果来看，研究的样本为17284个家庭，户主年龄分布在77个节点上。从标准差看，数据波动幅度不大。接下来分别对户主年龄在25～50岁（第一年龄段），以及户主年龄在50岁以上（第二年龄段）的两类家庭样本进行实证分析。

从第一年龄段户主类型的回归结果看，宏观区域变量有三个变量不显著，仅有人均铁路里程、人均公路里程变量通过了显著性检验，且对城镇家庭财富的影响为正。这说明户主在该年龄段的家庭，区域间地域关联性对城镇家庭财富具有积极影响。家庭层面的变量全部通过显著性检验，并且可以看出，房地产投资的边际财富倾向大于风险性金融资产投资的边际财富倾向，家庭收入的边际财富倾向大于户主受教育的边际财富倾向（见表 6 - 15）。

表 6 - 15　　　　第一年龄段户主的完整模型回归结果

变量名称	系数取值	标准差	t 值	p 值
常数项	14.626	2.135	6.869	0.000
人均 GDP	—	—	—	不显著
人均铁路里程	2.88	0.715	4.029	0.001
人均公路里程	0.271	0.034	7.971	0.000
人均税收收入	—	—	—	不显著
人均财政支出	—	—	—	不显著
风险性金融资产投资	0.514	0.040	12.784	0.000
房地产投资	0.810	0.034	23.851	0.000
教育边际财富倾向	0.088	0.005	19.019	0.000
收入边际财富倾向	0.259	0.017	15.107	0.000

在第二年龄段户主类型的回归中，人均税收收入系数显著，系数值为 -0.911。这说明户主在该年龄段下，税收对城镇家庭财富的影响显著且不利于城镇家庭财富的积累。从微观家庭层面的回归结果中可以发现，风险性金融资产投资和房地产投资对城镇家庭财富都有正向影响，但是这种正向影响差异较小。风险性金融资产投资的边际财富倾向为 0.707，房地产投资的边际财富倾向为 0.776。这表明当户主年龄超过 50 岁之后，风险性金融资产投资跟房地产投资对城镇家庭财富积累的影响基本相当。通过与第一年龄段户主类型的回归结果对比发现，风险性金融资产投资与房地产投资的边际财富倾向具有户主年龄的差异，收入边际财富倾向的系数值明显变大，说明该年龄段的家庭收入水平影响城镇家庭财富的程度显著增加（见表 6 - 16）。

表 6－16　　　　　　　第二年龄段户主的完整模型回归结果

变量名称	系数取值	标准差	t 值	p 值
常数项	8.669	0.253	34.28	0.000
人均 GDP	—	—	—	不显著
人均铁路里程	—	—	—	不显著
人均公路里程	—	—	—	不显著
人均税收收入	－0.911	0.173	－5.257	0.000
人均财政支出	—	—	—	不显著
风险性金融资产投资	0.707	0.043	16.415	0.000
房地产投资	0.776	0.038	20.321	0.000
教育边际财富倾向	0.055	0.005	11.721	0.000
收入边际财富倾向	0.334	0.019	17.165	0.000

第四节　本章小结

　　本章将宏观区域层面的数据与微观家庭层面的数据进行重组，对新组建的数据集进行分析。在经过之前第四、第五章的研究，本章认为影响城镇家庭财富的因素还应该包括宏观区域因素。于是，将家庭层面变量与区域层面变量组合，运用多层线性模型进行实证分析，继续深挖影响城镇家庭财富及财富差距的因素。多层线性模型的分析步骤如下：第一，通过空模型回归计算内部相关系数，确定研究问题是否可以运用多层线性模型进行分析。第二，通过风险性金融资产投资随机系数回归模型、房地产投资随机系数回归模型和投资偏好随机系数回归模型，重点讨论家庭层面的相关变量对财富积累的影响。第三，通过截距模型，重点考察宏观区域变量对城镇家庭财富水平的影响。第四，通过构建多层线性模型的完整模型，讨论整体的影响情况。第五，分别从不同区域和不同户主年龄角度，讨论区域发展及投资偏好对城镇家庭财富的差异性影响。

　　研究结果表明，风险性金融资产投资与房地产投资都能够有效地提升城镇家庭财富水平，房地产投资的边际财富倾向更加明显。就家庭层面变量而言，教育边际财富倾向小于收入边际财富倾向，即家庭工薪收入对家庭财富积累的影响程度更明显。户主的受教育年限对城镇家庭财富具有积极作用，但是这种积极作用较弱。家庭收入能够有效提升城镇家庭财富水平。从宏观层面变量看，用市场规模经济发展水平、税收收入情况、区域间地域关联性和财政支出等变量进行分析，不同的解释变量对城镇家庭财富水平的影响不同。主要结论有：从经济发展角度看，其在一定程度上对家庭财富积累有积极影响；从税收收入角度看，税收缩减了城镇家庭的财富水平；从区域间地域关联性看，区域间地域关联性虽然能够使财富增加，但是影响幅度较小；从财政支出规模看，财政支出水平同样能够使家庭财富水平增加，但也存在影响微弱的情况。随后，本章考虑不同区域和不同户主年龄之间区域发展和投资偏好对城镇家庭财富差距的影响，再进行实证分析。实证结果表明，宏观区域层面变量仅在高财富家庭省份有作用；在中财富家庭省份和低财富家庭省份的样本中，回归系数不显著。在依据不同户主年龄划分的样本数据实证中，户主年龄越高的群组，风险性金融资产投资的边际财富倾向值要比低年龄组大；同时，户主年龄越高的群组，收入边际财富倾向值也显著大于低年龄组。

第 七 章

结论与对策建议

第一节 研究结论

本书主要研究了城镇家庭财富水平及差距的问题。本书利用中国家庭金融调查数据库的数据，从金融资产投资、非金融资产投资和区域发展等角度出发，对中国城镇家庭财富水平和差距进行分析，主要做了以下四个方面的工作：首先，对城镇家庭财富变化进行了对比分析。根据现有的参考文献，梳理出中国城镇家庭财富的计算方法；再利用中国家庭金融调查数据库的数据，对城镇家庭财富水平进行描述性统计分析，并对不同资产在城镇家庭财富中的占比情况进行比较；同时，对城镇家庭工薪收入与城镇家庭财富水平的关系进行了实证检验。其次，讨论了金融资产投资，尤其是风险性金融资产投资对城镇家庭财富水平和差距的影响；并基于不同区域和不同户主年龄的角度，讨论了这种影响是否存在差异性。再次，讨论房地产投资对城镇家庭财富水平和差距的影响。运用倾向得分匹配、无条件分位数回归以及 Oaxaca-Blinder 分解的方法，讨论了房地产投资对城镇家庭财富的影响，以及在不同区域和不同户主年龄之间的影响差异性问题。最后，将区域发展数据与家庭特征数据相结合，构建多层次数据，运用多层线性模型进行分析。在多层线性模型分析中，先通过空模型回归计算内部相关系数，判定多层线性模型分析的可行性；通过风险性金融资产投资随机系数回归模型、房地产投资随机系数回归模型和投资偏好随机系数回归模型，重点讨论家庭投资对财富积累的影响情况；通过截距模型重点考察宏观区域变量对城镇家庭财富水平的影响；构建多层线性模型的完整模型，讨论整体的影响情况；分别从不同区域和不同户主年龄角度，讨论区域发展、投资偏好对城镇家庭财富的差异性影响。基于上述研究内容，本书得到以下研究结论。

第一，明确中国城镇家庭财富的组成，并分析其变化情况，总结归纳得出家庭非投资性收入与家庭财富积累之间的关系。具体研究结论如下：首先，城镇家庭财富的构成主要分为三个部分，即家庭金融资产、家庭非金融资产与家庭负债。在金融资产的构成份额中，风险性金融资产与无风险性金融资产比例不同。风险性金融资产中，股票基金资产占有绝对地位；无风险性金融资产中，活期存款与定期存款比例较大。鉴于金融资产的收益水平不同，风险性金融资产收益较高，是否持有风险性金融资产成为城镇家庭能否扩大财富的重要因素。其次，在非金融资产的构成中，房地产占到非金融资产的93.4%。最后，家庭非投资性收入对城镇家庭财富积累具有显著的积极效应，家庭非投资性收入差距也是导致城镇家庭财富差距的原因之一。

第二，风险性金融资产投资对城镇家庭财富的影响。风险性金融投资的高回报率诱使很多家庭将其作为家庭金融资产组合的重要部分。本书运用分位数回归的方法进行实证分析，实证结果说明在不同的分位数条件下，风险性金融资产投资能够起到增加城镇家庭财富的作用。由于风险性金融资产投资属于专业性较强的投资领域，所以风险性金融资产投资需要具备一定程度的专业素养，即金融素养。在金融素养影响家庭金融资产和家庭财富的研究中，任何分位数条件下的实证结果均表明，金融素养都能够提升家庭金融资产水平和家庭财富积累水平；并且，家庭成员的金融素养越高，其对家庭金融资产的积累和家庭财富的积累越有利。同时，又通过中介效应检验的方法，挖掘出金融素养影响城镇家庭财富的中介变量。经过检验，结果表明金融素养通过影响风险性金融投资进而影响城镇家庭财富，但风险性金融投资对家庭财富差距的影响具有显著的差异性。这种差异性分为不同区域之间的差异和不同户主年龄之间的差异。在差异性的研究中，不同区域之间的差异主要指的是不同区域金融发展水平不同导致的城镇家庭财富差距，不同户主年龄之间的差异主要指的是因不同户主年龄导致的财富积累时间不同而产生的城镇家庭财富差距。结果显示，在不同类型的省份之间，确实存在着财富差距，产生差距的原因分别来自家庭特征属性与区域金融发展属性。在高、中财富省份的家庭财富差距分析中，风险性金融资产投资并不足以拉大财富差距，反而会使城镇家庭财富差距缩小。同样，在中、低财富省份的家庭财富差距的分析中也产生了类似的效果。在户主年龄财富影响差异性的研究中，财富积累时间差异越小，则样本越靠近基准组，财富的差距也越小。

第三，房地产投资对城镇家庭财富的影响。其中，影响包含两层含义，分别是绝对数量的影响和相对数量的影响。绝对数量的影响指的是房地产投资对于城镇家庭财富整体水平的影响情况。相对数量的影响指的是房地产投资在不同区域之间和不同户主年龄之间的差异影响。在绝对量的影响分析中，采用了倾向得分匹配的方法，分别运用卡尺匹配、K 近邻匹配、卡尺内 K 近邻匹配与核匹配等方法进行匹配分析，进而计算出平均处理效应在 1.20 左右，这说明房地产投资对城镇家庭财富水平的影响为正，房地产投资可以增加城镇家庭财富水平。同时，考虑异质性的影响，进行了无条件分位数回归分析及 Oaxaca-Blinder 分解。结果表明，从不同区域角度看，房地产投资是导致城镇家庭财富差距的因素，也就是说，房地产投资虽然能加快城镇家庭财富积累，却也是导致城镇家庭财富差距的原因。从不同户主年龄角度看，虽然户主年龄存在差异，但是年龄差异下的房地产投资行为并未使城镇财富差距扩大或者缩小。综上所述，房地产投资能够提高城镇家庭财富水平，但是房地产投资却扩大了不同区域之间的城镇家庭财富差距；不同户主年龄下的房地产投资行为对财富差距影响不显著。

第四，将宏观区域层面的变量数据与微观家庭层面的变量数据进行重组，对新组建的变量数据集进行分析，得到相关研究结论。经过之前第四、第五章的研究，我们认为影响城镇家庭财富的因素还应该包括宏观区域变量。于是，将家庭层面数据与区域层面数据进行组合，运用多层线性模型进行实证分析，继续深挖影响城镇家庭财富及财富差距的因素。研究结论如下：风险性金融资产投资与房地产投资都能够有效提升城镇家庭财富水平，其中房地产投资的边际财富倾向作用更强。就家庭层面变量而言，教育边际财富倾向小于收入边际财富倾向。户主的受教育年限对城镇家庭财富具有积极作用，但是这种积极作用较弱。同时，家庭非投资性收入能够有效提升城镇家庭财富水平。从宏观层面看，不同的解释变量对城镇家庭财富水平的影响不同。主要结论有：从经济发展角度看，其在一定程度上对家庭财富积累有积极影响；从税收收入角度看，税收缩减了城镇家庭的财富水平；从区域间地域关联性看，区域间地域关联性虽然能够使财富增加，但是影响幅度较小；从财政支出规模看，财政支出水平同样能够使家庭财富水平增加，但也存在影响微弱的情况。考虑在不同区域和不同户主年龄之间，区域发展和投资偏好对城镇家庭财富差距的影响，再次进行实证分析。实证结果表明，宏观区域层面变量仅对高财富家庭省份样本起作用，对中财富家庭省份样本和低财富家庭省份样本的回归系数不显著。在依据不同户主年龄划分的样本数据的实证分析中，户主年龄越高的分类群组，风险性金融资产投资的边际财富倾向值较大；同时，户主年龄越高的分类群组，收入边际财富倾向值也显著大于低年龄组。

第二节 对策建议

本书通过分析金融资产投资尤其是风险性金融资产投资、房地产投资及区域发展背景下的家庭投资行为，得出其对城镇家庭财富和家庭财富差距影响情况的相关结论。研究首先论证了风险性金融资产投资的财富积累效应、金融素养对家庭财富的影响效应，以及其在不同区域或不同户主年龄之间对财富差距的影响；其次，考虑了房地产投资的财富积累效应，以及其在不同区域或不同户主年龄之间对财富差距的影响；最后，本书探讨了区域发展与投资偏好对城镇家庭财富的影响，以及其在不同情况下可能存在的影响差异问题。前面对风险性金融资产、房地产投资及区域发展背景下的家庭投资行为展开了充分论述，并得出相关的实证结果，基于上述研究结论，并结合我国经济发展特点以及未来的发展趋势，本书提出以下对策建议。

第一，适度扩大风险性金融资产投资规模，但应该注意防范风险。一方面，风险性金融资产投资能够有效提升城镇家庭的财富水平。家庭金融资产配置是家庭根据自身实际情况和需求参与金融市场，并按需购买不同金融产品的资产配置过程。伴随着我国金融市场的不断完善，越来越多的家庭意识到金融资产配置的重要性，并且积极参与金融市场交易，家庭金融资产的组合也越来越多样化。其中，风险性金融资产投资以高风险、高回报的特点吸引家庭投入资金，在充分考虑其风险并采取相关措施有效防范的情况下，风险性金融资产投资带来的高收益在城镇家庭财富中占有较大比例，这意味着城镇家庭财富积累除了单纯依靠基本的工薪收入外，风险性金融资产投资也迅速成为其增加财富积累、提高家庭生活水平的重要渠道。在一定程度上，风险性金融资产投资丰富且优化了家庭财富结构，改变过去固有单一的家庭财富积累模式。同时，家庭积极参与风险性金融资产投资，既可以盘活现有资金，加速资金流动，实现保值增值，同时又能够实现自身家庭的经济安全和自由，提升生活质量。因此，风险性金融资产投资足以成为增加城镇家庭财富总量、提高城镇家庭财富水平的重要来源。另一方面，风险性金融资产投资能够有效缩减不同区域间城镇家庭的财富差距。风险性金融资产能够平衡不同省份财富家庭之间的财富差距,对中、高财富省份的家庭而言,其具备一定的家庭经济基础,因此该类型家庭选择风险性投资理财方式的可能性较大,同时对其风险的接受程度较高,所以风险性金融资产投资对缩小中、高财富省份城镇家庭的财富差距起到了重要作用。在中、低财富省份家庭中,风险性金融资产投资同样能起到缩小城镇家庭财富差距的作用。

家庭金融资产配置除了会受家庭本身差异性的影响外,也会受到外部环境变化的影响。例如,对于金融投资信息以及市场信息,居民获得信息的渠道较少,分析能力比较弱,无法全面、准确地掌握金融信息,由此产生的信息不对称问题对家庭金融理财投资的风险防控产生的影响最为直接。从本质上来看,金融配置是一个不断调整的动态过程,所以家庭要在考虑自身实际情况并结合外部环境的基础上,充分考量风险性金融资产的高风险和高回报以及自身可接受风险的最大程度,适当扩大风险性金融资产投资规模,选择合适的风险性金融资产种类,并根据情况适时调整,科学合理搭配,从而实现家庭金融资产收益的最大化。同时,还要确保做好金融资产的风险防范工作,利用互联网等新媒体渠道,全面收集整理金融投资信息及市场信息,理智分析评估金融理财投资的风险,及时掌握金融市场的动态发展方向,时刻对金融理财投资保持高度的风险防范意识,最大限度地降低家庭金融理财投资风险发生的概率。值得一提的是,在家庭防范金融投资风险方面,国家需要充分发挥政府监督和管控的作用,对金融市场进行全方位的调查和分析,及时发布风险评估与分析方面的信息。具体来看,政府应该为股票、基金等风险较高的投资方式营造良好的投资氛围,净化风险性金融资产投资市场的环境,尤其是在电信网络诈骗活动频发的背景下,国家更应该采取多种措施严厉打击一切网络金融诈骗活动,有效保护社会公众的财产安全,不断稳定和净化金融环境,进而降低金融投资风险。相关部门也应积极开展讲座和投资宣讲会,对居民家庭开展专业的理财知识培训,增加居民的投资知识,培养居民的金融投资能力。此外,积极开拓金融市场的信用评级工作,坚决禁止信誉不佳的金融主体活跃在金融市场，从而有效规避金融信用危机。

第二，加快提升家庭成员的金融素养。研究发现，金融素养水平越高的家庭，其家庭财富积累水平越高。因此，应从以下几个方面培养家庭成员的金融素养：首先，完善金融教育体系，提升国民金融素养。目前来看，金融投资已成为城镇居民家庭财富积累的重要渠道，提高国民整体金融素养水平，既能够增加家庭的财产性收入，同时也是稳定经济社会发展、扎实推进共同富裕的重要举措。构建金融教育体系已成为快速提升国民金融素养的当务之急。通过校企社联动推进，在义务教育中打造与金融知识相关的特色课程，在高等教育中以通识课、选修课、专题讲座等形式加强金融风险意识教育。建设一批以学校为主阵地的金融教育提升工程、评选金融教育先进学校。其次，拓宽金融视角培训通道，建立金融专业人才培养机制。随着数字经济时代的到来，金融市场的快速发展使金融产品更加丰富多样、选择范围更为广泛、投资性质更加复杂。在这样的金融投资环境下，更需要以富足的专业知识和先进的科学技术水平为依托，这便需要培养一大批专业的金融人才。建立专业的金融人才培养机制，从管理、教育和激励等多渠道提升金融人才的综合素质。从管理机制来看，需要强化现有的金融管理体系，明确金融管理规范，严格规范对金融人才的培训指导；从教育机制来看，重视金融知识教育和实践教育相结合，以理论知识为基础，在实践中充分应用理论知识，建立知行合一的金融人才教育机制；从激励机制来看，应建立物质和精神双重奖励的激励机制，不仅要给予成绩达标者丰厚的物质奖励，同时更应给予其精神鼓励，从而更好地培养金融人才的进取心，有利于培养大批优秀人才。再次，开展金融公益教学，定期宣讲金融投资课程。当前家庭居民金融投资意识较高、金融认知水平较低的状况已成为常态，由于家庭经济状况以及家庭成员的年龄差异，很少有人去自费学习专业的金融投资知识。基于 2019 年 CHFS 家庭调查数据可知，平时非常关注经济、金融方面信息的人群不到一半，这便在金融投资过程中产生了信息不对称和知识盲区等问题。面对此类问题，相关部门有必要定期对城镇社区居民开展金融投资的专业课程，免费普及金融知识。为鼓励居民广泛参与，社区工作者要做好宣传动员工作，提前通知全体社区居民，且通过发放奖品等活动吸引居民积极参与。开展金融投资的公益性教学，既能够达到向公众普及金融知识、提升其金融素养的目的，同时又能够维护政府以及各金融主体的良好形象。单一形式的金融知识宣传很难达到广泛普及的效果，因此政府应该利用微信、微博、公众号、短视频等线上渠道和宣传横幅、广告语等线下标识，多渠道、多形式地积极推动金融知识普及教育。最后，借助科学技术，提高自学能力。互联网、人工智能等科学技术的广泛应用，能够帮助家庭成员多渠道地获取金融理财知识，提升金融理财思维和意识。但是科学技术更新迭代速度较快，这就需要家庭成员个人通过不断学习来掌握全新的学习方式和知识获取路径。鉴于居民的年龄、家庭、职业、学历、精力、金融理财经验存在差异，通过人工智能技术并结合投资者的实际需求，可以有效实现居民家庭金融理财投资风险识别水平的提升。这样，家庭成员利用科学技术可以降低对金融投资中介机构的依赖，提高投资的主体意识。

第三，适度扩大房地产投资规模，进一步完善保障性住房建设。通过分析可知，房地产投资对城镇家庭财富的影响较大。我国自 1998 年正式进入商品房市场以来，房价便进入了上涨的阶段，房产行业的蓬勃发展成为促进我国经济发展的重要动力。2010 年以来，我国房地产市场一直保持活跃状态，居民收入水平不断提高，家庭房产的投资属性不断增强，房价的不断提高使得房地产成为家庭重要的资产配置方式，并直接影响到微观家庭的消费水平和投资决策。同时，由于我国房地产市场的重心主要在城镇区域，房产买卖、租赁等多渠道流转活动都集中在城镇房地产市场，所以房价的普遍上涨直接引起城镇居民家庭财富总量的变化。伴随城镇住房的不断建设完善，城镇居民家庭持有的房产金融价值也日益凸显，从而使更多家庭倾向于持有房地产，以期通过这种投资方式，使城镇家庭财富水平不断增加。因此，房地产投资对城镇家庭财富的影响表现出明显的积极效应，成为城镇家庭财富增长的重要来源。但是，房地产投资却导致了不同区域之间城镇家庭财富差距不断扩大。城镇居民家庭在财富积累达到一定程度后，往往会具有更强烈的投资购房需求，所以城镇居民家庭凭借储蓄甚至通过举债等方式，使大多家庭资产财富流向了相对保值且有益于增值的房地产市场。由于房价的不断上涨，房产投资者获得了财富增值的投资收益，而无房者则无法享受财富效应，从而加剧了两者之间的财富不平等。

同时，由于不同区域之间的经济发展水平存在差异，房价也会因此存在较大差异，经济水平较高的区域，房价较高，家庭获得的房地产投资收益则更高；反之，经济发展水平较低的区域，房价相对较低，从中获得的投资收益也相对偏低，这些因素加剧导致"富者更富""贫者更贫"，进一步拉大了城镇家庭财富差距。为应对以上问题，应从以下几个方面重点着手：一是要加强政府干预，利用相关政策调控城镇家庭房地产投资水平。在房价高涨的背景下，"炒房"行为也是愈演愈烈，"炒房"将房屋视为一种理财产品，忽略了其居住属性。为抑制居民的"炒房"热情，淡化住房的投资功能，突出住房的居住功能，必须加强政府政策的宏观调控。对首套和改善需求的居民在相关政策上给予一定的倾斜和支持，尤其是针对经济发展水平较低的城镇家庭首次购房，应给予一定的利率优惠和财政补贴，对投资型购房行为坚决落实"住房不炒"的原则。对于房产投资市场较热的高房价地区，要严格实行限购、限贷、限价、限售政策，并及时弥补政策漏洞，合理规范购房行为，抑制"炒房"需求，打击"炒房"热度。加快推进惠民购房政策，特别是对于低收入群体和地域流动群体，吸引其在城镇区域购房定居就业，确保刚需人群有房可居。二是要扩建保障性住房，重点培育房屋租赁市场。保障性租赁住房可以帮助中低收入群体以及青年人解决住房压力，从而隐性增加其家庭财富水平。与此同时，增加保障性住房供给有助于促进房地产市场的平稳发展。三是政府应该通过税收的方式，对多套房产拥有者在买卖和租赁过程中获得的财产性收入进行溢价征税，增加收益成本，有效抑制投机行为。对房产溢价征税将导致房产投资收益减少，进而抑制投资热情，控制投资规模，更重要的是通过对房产溢价征税可以减少投资收益差距带来的家庭财富差距。

第四，加快经济发展，促进居民工薪增收。经济发展水平与居民工薪收入都能够增加城镇家庭的财富积累，因此，应多维度扩大经济增长水平，以提升经济增长为动力，带动居民工薪收入水平的增加。具体说来，一是要刺激消费需求。在拉动经济的"三驾马车"中，消费是经济增长的"主引擎"。消费对经济增长的强力拉动作用不是一朝一夕就能实现的，而是长期作用的结果。鉴于消费的经济作用，要以刺激居民的消费需求为着力点带动经济快速发展。实现国内经济大循环最重要的就是扩大内需，扩大内需是我国经济保持长期稳定增长的关键动力。二是积极做好就业工作。稳定的就业岗位和工资薪酬是保证居民基本收入的重要来源，也是刺激居民消费的基础。改革开放以来，民营经济成为解决就业的重要途径，为我国经济社会的发展贡献了巨大力量，未来需要继续发掘新的就业增长点，从而进一步打通就业渠道。基本公共服务不到位、社会保障不充分也是居民就业的重要障碍。因此，推进基本公共服务均等化、完善社会保障体系可以扩大就业，进而增加居民收入。三是要加大投资。投资对促进经济增长、优化供给结构、促进产业升级、提升基础设施、加快区域经济发展具有关键作用。但应注意，未来仍面临着许多不确定性因素，各种风险仍然存在，因此需要注重有效投资，优化投资结构，实现资本的有效配置。四是要加大商品流通，促进对外贸易。不仅要实现国内经济循环，更应该注重国际经济循环。受国际局势复杂变化影响，中国未来一定时期进出口形势面临严重挑战，但中国能够充分依托大规模市场的优势，吸纳全球资源，加强国际、国内市场的资源流动共享，提高对外开放水平，优化市场营商环境，未来中国贸易合作空间依然广阔。五是要加大居民劳动要素的投入，增加居民劳动技能培训，以期增加居民薪资收入。近年来，我国产业结构面临巨大调整，产业升级速度加快，新兴产业热潮涌动，产业结构的调整成为促进我国经济发展的新源泉，同时对劳动者素质提出了更高要求。因此，劳动者素质需要全面提高，应做到加强就业前培训、加强在职职工的培训、建立健全激励机制、加强再就业培训等。

第五，着力提升区域间地域关联性，打造经济大循环。区域间的交通运输指标对财富积累影响为正，但是数值较小，这说明区域间交通运输指标对城镇家庭财富的积累具有积极作用，但是影响水平较弱。根据增长极理论，经济体的经济空间特征和区域空间特征都能够产生辐射效应。区域经济协调发展，就是要充分发挥各地区的发展优势和比较优势，形成多个区域各具特色的发展格局，重视区域的辐射带动能力，"以点带面"地推动高质量发展。一个地区的经济发展对周边地区的经济发展具有明显的空间溢出效应，经济发展水平较高的地区，不仅能够为当地居民提供充足的就业岗位，还能促进周边地区的资本流动，提高周边地区居民的收入水平，以此带动周边地区发展。各地区还要加强对接，相互之间找准切入点，加强产业分工协作，形成区域产业协同发展网络。同时，应努力优化区域现代产业分工体系，加快形成经济增长的新引擎，发挥产业外溢和产业集聚效应，分散产业优势，带动周边地区的产业发展，从而提高区域产业竞争力，推动实现经济高质量发展。利用经济发达地区的比较优势和发展基础，围绕创新布局新的产业链，以促进区域协调发展，形成新的增长极。鉴于此，政府应该着力提升区域间的地域关联性，打造经济大循环，使核心区域的经济增长成为辐射点，从而引领区域经济均衡高质量发展。当前，我国区域经济发展差异导致不同地区城镇家庭的财富水平也存在较大的差距，为了均衡家庭的财富水平，要深刻认识时代发展新趋势，根据自身的发展基础，充分吸纳周边发达地区的发展资源，消除影响宏观经济循环的各种障碍，畅通国内经济大循环，打造未来发展新优势，从而实现经济高质量发展。与此同时，建设现代化经济体系是我国转换经济增长动力的迫切要求。交通基础设施是加强区域间经济交流的必要通道，其将多个区域的多个经济增长极连接起来。通过交通运输，使发达地区带动其他落后区域发展，进而缩小不同区域间的城镇家庭财富差距。交通运输条件的改善能够加强区域间的经济流动，从而发挥产业的辐射作用，缩小不同区域城镇家庭的财富水平差距。

第六，优化财政支出水平与结构，适当提升转移性支出比例。宏观层面的人均财政支出变量对城镇家庭财富的影响呈现出微弱的正效应，说明人均财政支出虽然能够提升城镇家庭财富水平，但是效果较为一般。财政支出为居民生活提供了基本保障，其主要通过提供公共服务、节约交易成本、提高人文素养等方式促进经济增长，提高城镇家庭的财富水平。具体体现在：首先，对社会而言，政府的社会投资支出最终形成了基础设施以及相关科技成果，直接为企业等生产部门提供了社会先行资本。其次，对企业而言，政府的社会消费支出通过基础教育、医疗卫生、住房保障等直接服务于劳动力的再生产，有助于降低劳动力再生产的成本，缓解企业的工资压力。最后，对居民而言，政府给予的最低生活保障、养老保险及失业保险等具有调节收入分配的作用，在一定程度上保障了低收入家庭的基本生活需要。基于上述思考，政府应该优化财政支出水平，扩大财政支出范围。调整和优化支出结构是提高经济效益的关键，因此应该基于经济与社会的发展状况，实时对财政支出状况进行调整和优化。只有与社会发展最为贴切的财政支出，才能助力国家实现经济和行政效能的最大化。此外，为提高城镇家庭的生活水平，政府应加大基本公共服务支出，尤其是加大对城镇低收入群体以及残疾群体的就业财政支持，提高低收入家庭的收入水平，并通过财政补贴增强其财富积累，从而缩小与其他城镇家庭的财富积累差距。当然，政府在规划财政支出时，应适当提升转移性支出的比例，扩大转移性支出的份额，以期能够平衡城镇家庭财富之间存在的差距。转移性财政支出是平衡不同区域经济差异的重要财政手段，从目前情况来看，我国东部地区具有先天的经济发展优势，城镇家庭的财富积累呈现较高水平，中部、西部地区经济发展水平较低，居民收入较低，由此导致城镇家庭的财富积累较少，所以不同区域的城镇家庭财富积累水平存在较大差异。为进一步平衡区域发展、缩小不同区域城镇家庭的财富积累差距，要充分发挥财政性转移支出的作用，加大对经济欠发达地区的政策倾斜，对当地的居民生活和企业生产提供更多财政支持。不仅可以通过疏解东部地区的产业，带动中部、西部地区的经济发展，提高当地城镇家庭的收入水平，还可以通过完善交通基础设施，加强地区间的劳动力流动，帮助更多城镇家庭的失业人员重新就业，保证城镇家庭成员基本的工薪收入，提高不同城镇家庭的基本生活水平，缩小城镇家庭间的收入差距。

第三节　研究局限和展望

本书基于投资偏好、区域发展与家庭财富关系的视角，结合微观层面变量和宏观层面变量，从多角度对城镇家庭财富的水平与差距的问题进行讨论，并结合实际情况给出提升城镇家庭财富水平和缩小城镇家庭财富差距的对策建议。具体来看，本书通过重点研究风险性金融资产投资、房地产投资及区域经济发展对城镇家庭财富积累水平的影响，验证理论假设并得出相关结论。以研究结论为前提，本书提出了提升我国城镇家庭的财富积累水平以及缩小财富积累差距的对策建议。但是在研究的过程中，仍然存在以下几方面的不足，需要进一步验证和讨论，具体表现在以下四个方面。

第一，在金融资产投资与非金融资产投资影响城镇家庭财富的研究中，有关投资时间及投资总量的影响，受数据可得性的限制，本书没有进行深入研究。原因在于：一是从投资时间看，目前关于微观家庭金融的研究数据大多数来源于中国家庭金融调查公开发布的数据，但是在具体研究中，由于最新的家庭金融调查已经完成，但是数据库并未对外开放，所以本书研究分析的投资时间数据具有一定的滞后性。二是考虑中国家庭金融调查每隔两年开展一次，部分家庭并非追踪调查数据，因此很难从时间序列上研究家庭投资总量问题，甚至家庭金融资产配置的变化情况，同时关于家庭金融资产的数据，官方调查数据虽然做了具体的描述，但是部分涉及家庭资产收益等更细节的部分未能覆盖，这对最后的实证研究结果可能会造成一定的偏差。在之后的研究中，基于数据的可获得性，从多个维度出发构建家庭投资行为影响城镇家庭财富的理论模型，在实证分析中，既要尝试从投资时间维度分析家庭金融资产配置结构的变化情况，也要从投资数量维度分析家庭金融资产配置规模的变化情况，以确保获取更精准的研究结果。

第二，在考察不同类型的家庭中，其家庭财富的影响因素有何不同时，本书仅区分了不同区域和不同户主年龄家庭，没有考虑其他的分类。以区域作为分类标准，分析不同区域间城镇家庭财富水平的影响因素以及差异性，确实能够反映区域发展水平对城镇家庭财富积累水平的影响程度。根据人的生命周期理论，考虑家庭户主的年龄，不同年龄的家庭成员对家庭金融资产配置的偏好也有所差异，由此便会产生家庭财富积累的不同。但是仅从区域和户主年龄考虑家庭财富水平的影响因素，显然不够全面。除此之外，家庭财富积累还有可能受到家庭结构、家庭规模及家庭成员的工作情况等多方面的影响，所以在分析家庭财富水平的影响因素时，应该从多个角度对家庭进行分类，全面考虑按不同标准分类的家庭财富水平影响因素的差异。考虑按户主的不同学历水平、户主的不同性别、户主的不同婚姻状况等特征区分不同的家庭类型，可以进一步考察这些不同类型家庭的财富的影响因素有何不同。例如，家庭户主的学历水平会影响其工资收入的多少，也可能间接影响其金融素养的高低。一般来说，学历水平较高的家庭，其工资性收入会高于平均家庭工资性收入，同时，其文化知识水平影响了其对金融投资知识的理解程度；反之，学历水平较低的家庭，工资收入较低，对家庭金融资产配置的敏感度也相对较差，所以其家庭财富积累相对较为薄弱。家庭户主的性别不同对金融投资等家庭积累方式的态度也可能会表现出明显不同，户主为男性的家庭，其家庭财富风险性偏好一般会相对较高；反之，户主为女性的家庭，其家庭财富风险性偏好相对较低。户主的婚姻状况也可能会在一定程度上影响家庭的财富积累水平，因此根据户主婚姻状况对不同家庭进行分类，再分析不同婚姻状况家庭的财富积累差异。一般来说，婚姻状况良好的家庭，家庭成员更为团结，财富积累更加容易；婚姻状况不良的家庭，工作效率下降，工作积极性降低，必然导致收入下降，从而影响家庭财富积累。

第三，在考虑不同区域的家庭财富差距及其影响因素时，本书仅按照家庭财富水平高低进行分类，分为高财富区域省份、中财富区域省份和低财富区域省份。仅考虑区域的财富水平对家庭进行分类具有片面性，可以从以下角度进行多重考虑：一要按照区域所处的地理位置划分，分为华东、华南、华北、东北等区域，不考虑区域经济发展因素对家庭财富积累的影响，仅从区域地理位置的角度对家庭进行分类，以此观察邻近地区的城镇家庭财富积累水平的差异性，以及邻近地区家庭财富积累的互相影响程度。二要按照区域发展战略划分，分为东部、中部、西部和东北地区，根据区域发展战略划分的家庭类型，同时考虑了经济和地理两个因素，更能体现当前我国家庭财富水平的变化情况及对中西部进行政策支持后的实际效果。三要重点考察经济发达地区和落后民族地区的城镇家庭财富差距及其影响因素各有何特征，比较经济发达地区和落后民族地区的城镇家庭财富水平，更容易发现我国目前经济社会发展和居民生活中存在的问题，并能够为未来我国政策制定指明方向，为区域发展战略的制定和完善提供更有参考价值的经验。

第四，理论框架搭建需进一步完善，定性研究稍显不足。一是本书对金融素养的衡量并未形成模型化的理论框架，这也是学术界长期以来面临的共同问题。同时，受访者回答金融素养问题具有强烈的主观性，由此也影响了研究结果的客观性。二是本书以构建数理模型等定量分析为主，缺乏相关的定性研究。例如，本书对我国不同区域间的城镇家庭财富水平进行了异质性分析，缺乏从国际视角比较分析我国城镇家庭财富积累水平和其他国家城镇家庭财富积累水平。

　　未来的研究中应该进一步补充、完善三点：一是定性构建合理可行的指标衡量标准体系。精准分析影响城镇家庭财富积累水平的因素及其影响程度，必须建立起一套合理可行的指标衡量标准体系，以此保证实证结果的准确性。同时，对于数据的选取，尽可能排除调查对象的主观影响因素，确保最终结果的客观性。二是定性与定量相结合，单纯的定量实证分析仅验证了相关因素对城镇家庭财富积累的影响程度，在此之前应该进行必要的定性分析，定性与定量相结合才能更好地论证研究观点。三是进一步突出中国城镇家庭财富的特殊性。在广泛进行实地调研的基础上，结合中国城镇的实际情况，对中国特有的城镇家庭财富积累理论进行补充和扩展，并分析不同时间阶段中国城镇家庭财富积累的特征。

参 考 文 献

［1］安勇，王拉娣．房地产财富效应的城市差异——以中国 35 个大中城市为例［J］．城市问题，2016（2）：65－71.

［2］布鲁斯海迪，加里马克，马克吴德，等．澳大利亚家庭财富的结构与分配［J］．经济资料译丛，2007（2）：77－96.

［3］蔡诚，杨澄宇．财富不平等与遗产税的财富分布效应［J］．中国经济问题，2018（5）：86－95.

［4］陈峰，姚潇颖，李鲲鹏．中国中高收入家庭的住房财富效应及其结构性差异［J］．世界经济，2013，36（9）：139－160.

［5］陈理元，危启才．初始财富对个人决策选择的影响［J］．数量经济技术经济研究，1999（11）：45－46.

［6］陈伟，陈淮．基于生命周期理论的房地产财富效应之实证分析［J］．管理学报，2013，10（12）：1818－1822，1838.

［7］陈鑫，任文龙，张苏缘．中等收入家庭房贷压力对居民文化消费的影响研究——基于 2016 年 CFPS 的实证研究［J］．福建论坛（人文社会科学版），2019（12）：71－81.

［8］窦婷婷，杨立社．城镇居民家庭金融资产选择行为的实证研究——来自陕西省西安市的调查［J］．会计之友，2013（26）：47－52.

［9］范兆媛，王子敏．人口年龄结构与居民家庭消费升级——基于中介效应的检验［J］．湘潭大学学报（哲学社会科学版），2020，44（2）：62－68.

［10］冯涛，王宗道，赵会玉．资产价格波动的财富效应与居民消费

行为 [J]. 经济社会体制比较, 2010 (4): 73 – 81.

[11] 高艳云, 王曦璟. 教育改善贫困效应的地区异质性研究 [J]. 统计研究, 2016, 33 (9): 70 – 77.

[12] 管政豪, 张洋溢, 赵健. 异质性消费视角下家庭财富格局变化与消费潜力挖掘 [J]. 商业经济研究, 2018 (18): 50 – 52.

[13] 韩立岩, 杜春越. 收入差距、借贷水平与居民消费的地区及城乡差异 [J]. 经济研究, 2012, 47 (S1): 15 – 27.

[14] 韩忠雪, 王闪, 崔建伟. 多元化并购、股权安排与公司长期财富效应 [J]. 山西财经大学学报, 2013, 35 (9): 94 – 103.

[15] 郝云飞, 宋明月, 臧旭恒. 人口年龄结构对家庭财富积累的影响——基于缓冲存货理论的实证分析 [J]. 社会科学研究, 2017 (4): 37 – 45.

[16] 何晓斌, 夏凡. 中国体制转型与城镇居民家庭财富分配差距——一个资产转换的视角 [J]. 经济研究, 2012, 47 (2): 28 – 40, 119.

[17] 何兴强, 杨锐锋. 房价收入比与家庭消费——基于房产财富效应的视角 [J]. 经济研究, 2019, 54 (12): 102 – 117.

[18] 何玉长. 当前我国居民财富基尼系数分析 [J]. 社会科学辑刊, 2017 (1): 50 – 57.

[19] 何玉长, 宗素娟. 我国居民财富集中趋势与调控对策 [J]. 毛泽东邓小平理论研究, 2016 (10): 40 – 46, 91.

[20] 胡杰武, 韩丽. 我国上市公司跨国并购的财富效应及影响因素 [J]. 对外经济贸易大学学报, 2016 (1): 150 – 160.

[21] 胡振, 王亚平, 石宝峰. 金融素养会影响家庭金融资产组合多样性吗? [J]. 投资研究, 2018, 37 (3): 78 – 91.

[22] 黄平, 李奇泽. 经济全球化、金融资源占有与居民财富不平等 [J]. 国外社会科学, 2020 (3): 44 – 59.

[23] 贾康. 房产税改革: 美国模式和中国选择 [J]. 人民论坛,

2011（3）：48-50.

[24] 贾宪军，王爱萍，胡海峰. 金融教育投入与家庭投资行为——基于中国城市居民家庭消费金融调查数据的实证分析 [J]. 金融论坛，2019，24（12）：27-37.

[25] 蒋涛，董兵兵，张远. 中国城镇家庭的资产配置与消费行为：理论与证据 [J]. 金融研究，2019（11）：133-152.

[26] 蒋运冰，苏亮瑜. 员工持股计划的股东财富效应研究——基于我国上市公司员工持股计划的合约要素视角 [J]. 证券市场导报，2016（11）：13-22.

[27] 琚琼. 家庭财富对创业决策的影响——基于2018年CFPS数据的研究 [J]. 财经问题研究，2020（3）：66-74.

[28] 鞠方，周建军，吴佳. 房价与股价波动引起财富效应的差异比较 [J]. 当代财经，2009（5）：5-12.

[29] 况伟大. 房产税、地价与房价 [J]. 中国软科学，2012（4）：25-37.

[30] 赖一飞，李克阳，沈丽平. 贫富差距与房地产价格的互动关系研究 [J]. 统计与决策，2015（23）：137-140.

[31] 李波. 中国城镇家庭金融风险资产配置对消费支出的影响——基于微观调查数据CHFS的实证分析 [J]. 国际金融研究，2015（1）：83-92.

[32] 李成武. 中国房地产财富效应地区差异分析 [J]. 财经问题研究，2010（2）：124-129.

[33] 李东，孙东琪. 2010~2016年中国多维贫困动态分析——基于中国家庭跟踪调查（CFPS）数据的实证研究 [J]. 经济地理，2020，40（1）：41-49.

[34] 李书华，王兵. 房价波动对贫富差距影响的作用机理 [J]. 黄河科技大学学报，2014，16（6）：39-42.

［35］李涛，陈斌开. 家庭固定资产、财富效应与居民消费：来自中国城镇家庭的经验证据［J］. 经济研究，2014，49（3）：62－75.

［36］李晓艳. 京津冀地区家庭财富积累影响因素研究［D］. 北京：首都经济贸易大学，2017.

［37］廖海勇，陈璋. 房地产二元属性及财富效应的区域差异研究［J］. 财贸研究，2015，26（1）：47－54.

［38］林芳. 居民财富不平等与财富分配结构调整——来自宝鸡、成都和邯郸的调查数据［J］. 首都经济贸易大学学报，2015，17（5）：3－11.

［39］林芳，蔡翼飞，高文书. 城乡居民财富持有不平等的折射效应：收入差距的再解释［J］. 劳动经济研究，2014，2（6）：152－172.

［40］刘德林. 居民家庭风险型金融资产选择行为研究——基于赣州市1043户居民的微观调查数据［J］. 金融与经济，2016（8）：89－96.

［41］刘凤芹，马慧. 倾向得分匹配方法的敏感性分析［J］. 统计与信息论坛，2009，24（10）：7－13.

［42］刘建江. 股票市场财富效应研究［D］. 武汉：华中科技大学，2006.

［43］刘骏民. 财富本质属性与虚拟经济［J］. 南开经济研究，2002（5）：17－21.

［44］刘阳阳，王瑞. 寒门难出贵子？——基于"家庭财富－教育投资－贫富差距"的实证研究［J］. 南方经济，2017（2）：40－61.

［45］刘也，张安全，雷震. 住房资产的财富效应：基于CHFS的经验证据［J］. 财经科学，2016（11）：71－78.

［46］路晓蒙，甘犁. 中国家庭财富管理现状及对银行理财业务发展的建议［J］. 中国银行业，2019（3）：94－96.

［47］罗娟，文琴. 城镇居民家庭金融资产配置影响居民消费的实证研究［J］. 消费经济，2016，32（1）：18－22.

［48］骆祚炎. 城镇居民金融资产与不动产财富效应的比较分析［J］.

数量经济技术经济研究，2007（11）：56 - 65.

[49] 骆祚炎. 居民金融资产结构性财富效应分析：一种模型的改进 [J]. 数量经济技术经济研究，2008，25（12）：97 - 110.

[50] 吕康银，朱金霞. 房地产价格变化与居民贫富差距的关系研究 [J]. 税务与经济，2016（5）：13 - 18.

[51] 孟亦佳. 认知能力与家庭资产选择 [J]. 经济研究，2014，49 （S1）：132 - 142.

[52] 彭澎，吴蓓蓓. 财富水平与异质性社会资本对农户非正规借贷 约束的影响——基于三省份农户调查数据的实证研究 [J]. 财贸研究，2019，30（12）：57 - 66.

[53] 阮敬，刘雅楠. 家庭财富是否有助于实现可持续共享？[J]. 数理统计与管理，2019，38（5）：799 - 811.

[54] 尚昀. 预防性储蓄、家庭财富与不同收入阶层的城镇居民消费行为 [D]. 济南：山东大学，2016.

[55] 施锡铨，孙修勇. 考虑绩效因素的社会财富分配 [J]. 经济研究，2013，48（2）：21 - 29.

[56] 石磊. 河南省城镇居民家庭金融资产选择行为研究 [J]. 财会通讯，2017（32）：3 - 7.

[57] 史代敏，宋艳. 居民家庭金融资产选择的实证研究 [J]. 统计研究，2005（10）：43 - 49.

[58] 宋明月，臧旭恒. 消费粘性视角下我国城镇居民财富效应检验 [J]. 经济评论，2016（2）：48 - 57，73.

[59] 宋颜群，解垩. 政府转移支付的扶贫效率、减贫效应及减贫方案选择 [J]. 当代经济科学，2020，42（2）：1 - 15.

[60] 隋钰冰，尹志超，何青. 外部冲击与中国城镇家庭债务风险—— 基于 CHFS 微观数据的实证研究 [J]. 福建论坛（人文社会科学版），2020（1）：132 - 144.

[61] 孙伯驰. 中国农村家庭贫困脆弱性及减贫效应研究 [D]. 天津：天津财经大学，2020.

[62] 孙元欣，杨楠. 美国家庭财富与国民经济的比率关系 [J]. 统计与决策，2008（17）：122 - 124.

[63] 谭浩，李姝凡. 通货膨胀对家庭财富不平等的影响分析 [J]. 统计与决策，2017（16）：157 - 160.

[64] 唐绍祥，蔡玉程，解梁秋. 我国股市的财富效应——基于动态分布滞后模型和状态空间模型的实证检验 [J]. 数量经济技术经济研究，2008（6）：79 - 89.

[65] 万晓莉，严予若，方芳. 房价变化、房屋资产与中国居民消费——基于总体和调研数据的证据 [J]. 经济学（季刊），2017，16（2）：525 - 544.

[66] 王晟，蔡明超. 中国居民风险厌恶系数测定及影响因素分析——基于中国居民投资行为数据的实证研究 [J]. 金融研究，2011（8）：192 - 206.

[67] 王聪，周利. 房地产财富效应与投资者的风险态度 [J]. 中南财经政法大学学报，2016（4）：39 - 47.

[68] 王飞，王天夫. 家庭财富累积、代际关系与传统养老模式的变化 [J]. 老龄科学研究，2014，2（1）：13 - 19.

[69] 王刚贞，左腾飞. 城镇居民家庭金融资产选择行为的实证分析 [J]. 统计与决策，2015（12）：151 - 154.

[70] 王辉龙. 房价波动、家庭财富配置与居民生活水平——来自长江、珠江三角洲地区的经验证据 [J]. 南方经济，2009（12）：3 - 14，35.

[71] 王金安. 居民资产财富效应的实证研究——基于东部地区面板数据随机效应模型 [J]. 东南学术，2013（6）：91 - 101.

[72] 王克林，刘建平. 多阶模型在地区消费差异研究中的应用 [J]. 统计研究，2011，28（1）：84 - 90.

[73] 王磊，原鹏飞，王康. 是什么影响了中国城镇居民家庭的住房

财产持有——兼论不同财富阶层的差异 [J]. 统计研究，2016，33（12）：44－57.

[74] 王培辉，袁薇. 中国房地产市场财富效应研究——基于省际面板数据的实证分析 [J]. 当代财经，2010（6）：92－98.

[75] 王晓芳，杨克贲. 股价波动、财富效应与货币政策应对——基于动态随机一般均衡模型的分析 [J]. 中国地质大学学报（社会科学版），2014，14（2）：90－102，139－140.

[76] 王渊. 中国居民风险金融资产选择问题研究 [D]. 上海：上海交通大学，2016.

[77] 王子龙，许箫迪. 房地产市场广义虚拟财富效应测度研究 [J]. 中国工业经济，2011（3）：15－25.

[78] 魏先华，张越艳，吴卫星，等. 我国居民家庭金融资产配置影响因素研究 [J]. 管理评论，2014，26（7）：20－28.

[79] 魏昭，蒋佳伶，杨阳，等. 社会网络、金融市场参与和家庭资产选择——基于CHFS数据的实证研究 [J]. 财经科学，2018（2）：28－42.

[80] 吴卫星，李雅君. 家庭结构和金融资产配置——基于微观调查数据的实证研究 [J]. 华中科技大学学报（社会科学版），2016，30（2）：57－66.

[81] 吴卫星，齐天翔. 流动性、生命周期与投资组合相异性——中国投资者行为调查实证分析 [J]. 经济研究，2007（2）：97－110.

[82] 吴卫星，吕学梁. 中国城镇家庭资产配置及国际比较——基于微观数据的分析 [J]. 国际金融研究，2013（10）：45－57.

[83] 吴卫星，荣苹果，徐芊. 健康与家庭资产选择 [J]. 经济研究，2011，46（S1）：43－54.

[84] 吴卫星，王治政，吴锟. 家庭金融研究综述——基于资产配置视角 [J]. 科学决策，2015（4）：69－94.

[85] 吴远远，李婧. 中国家庭财富水平对其资产配置的门限效应研

究 [J]. 上海经济研究, 2019 (3): 48 - 64.

[86] 肖忠意, 赵鹏, 周雅玲. 主观幸福感与农户家庭金融资产选择的实证研究 [J]. 中央财经大学学报, 2018 (2): 38 - 52.

[87] 谢俊明, 谢圣远. 货币价值波动、财富分配差距扩大与系统性金融风险 [J]. 财经理论与实践, 2020, 41 (1): 34 - 40.

[88] 熊剑庆. 我国居民金融资产的财富效应研究 [D]. 广州: 暨南大学, 2011.

[89] 徐彪. 住房财富对家庭非住房消费影响的债务路径研究 [J]. 河海大学学报 (哲学社会科学版), 2019, 21 (3): 53 - 59, 107.

[90] 徐佳, 谭娅. 中国家庭金融资产配置及动态调整 [J]. 金融研究, 2016 (12): 95 - 110.

[91] 徐向东. 通货膨胀对家庭财富持有形式选择的影响研究 [D]. 武汉: 华中科技大学, 2012.

[92] 薛宝贵, 何炼成. 房产泡沫的财富分配效应研究 [J]. 兰州学刊, 2019 (1): 93 - 102.

[93] 薛永刚. 我国股票市场财富效应对消费影响的实证分析 [J]. 宏观经济研究, 2012 (12): 49 - 59.

[94] 闫晴. 家庭财富差距的税法调节: 理念转型与制度优化 [J]. 广东财经大学学报, 2018, 33 (3): 103 - 112.

[95] 杨灿明, 孙群力, 詹新宇. 社会主要矛盾转化背景下的收入与财富分配问题研究——第二届中国居民收入与财富分配学术研讨会综述 [J]. 经济研究, 2019, 54 (5): 199 - 202.

[96] 杨灿明, 孙群力, 詹新宇. 新时代背景下中国居民收入与财富分配问题探究——中国居民收入与财富分配学术研讨会 (2017) 综述 [J]. 经济研究, 2018, 53 (4): 199 - 203.

[97] 杨灿明, 孙群力. 中国财富分配差距扩大的原因分析 [J]. 财政科学, 2016 (12): 5 - 9.

[98] 杨灿明，孙群力. 中国居民财富分布及差距分解——基于中国居民收入与财富调查的数据分析 [J]. 财政研究，2019 (3)：3-13.

[99] 姚俭建. 家庭财富观：一种社会学视角 [J]. 上海交通大学学报（哲学社会科学版），2005 (4)：14-18.

[100] 姚涛. 促进财富公平分配的房产税制度创新路径研究 [J]. 地方财政研究，2015 (2)：13-17.

[101] 叶莉，樊锦霞. 引入预期因素的房地产财富效应区域差异分析——基于"兑现"与"未兑现"视角 [J]. 天津财经大学学报，2017，37 (7)：14-22，70.

[102] 尹向飞，陈柳钦. 城镇居民收入差距、财富差距、收入增长与房价关系的因果检验：1992~2006 [J]. 河北经贸大学学报，2008 (6)：16-21.

[103] 尹志超，张号栋. 金融知识和中国家庭财富差距——来自CHFS 数据的证据 [J]. 国际金融研究，2017 (10)：76-86.

[104] 余华义，王科涵，黄燕芬. 中国住房分类财富效应及其区位异质性——基于35 个大城市数据的实证研究 [J]. 中国软科学，2017 (2)：88-101.

[105] 张安全. 中国居民预防性储蓄研究 [D]. 成都：西南财经大学，2014.

[106] 张晨. 家庭财富、地区特征与消费差异分析——基于多层线性模型的分析 [J]. 金融经济，2015 (14)：77-80.

[107] 张传勇，张永岳，武霁. 房价波动存在收入分配效应吗——一个家庭资产结构的视角 [J]. 金融研究，2014 (12)：86-101.

[108] 张大永，曹红. 家庭财富与消费：基于微观调查数据的分析 [J]. 经济研究，2012，47 (S1)：53-65.

[109] 张国华. 我国城市家庭财富积累实态和后续因应 [J]. 改革，2011 (9)：18-27.

[110] 张浩，易行健，周聪. 房产价值变动、城镇居民消费与财富效应异质性——来自微观家庭调查数据的分析 [J]. 金融研究，2017（8）：50-66.

[111] 张礼乐. 金融认知、人格特征与家庭资产配置研究 [D]. 南京：东南大学，2018.

[112] 张琳琬，吴卫星. 风险态度与居民财富——来自中国微观调查的新探究 [J]. 金融研究，2016（4）：115-127.

[113] 张梦蝶. 中国宏观经济与家庭财富管理的耦合协调性分析 [J]. 金融发展评论，2018（9）：148-158.

[114] 张敏学. 我国家庭风险金融资产投资研究——基于社会医疗保险的视角 [J]. 宁夏大学学报（人文社会科学版），2017，39（2）：145-158.

[115] 张熠，卞世博. 遗产税、民生财政与中国经济结构转型 [J]. 财经研究，2015，41（1）：4-20.

[116] 张志伟，李天德. 中国城镇家庭金融资产选择行为研究——基于四川地区数据的结构方程模型分析 [J]. 求索，2013（9）：5-8.

[117] 赵当如，贾俊，刘玲，等. 家庭金融文化、认知偏差与金融资产选择——基于 CFPS 数据的经验分析 [J]. 金融与经济，2020（3）：43-51.

[118] 赵红. 中国地区间财富分配趋同分析 [J]. 统计研究，2005（8）：16-21.

[119] 赵卫亚，王薇. 中国城镇住宅财富效应观察——基于 CHFS2010 微观调查数据 [J]. 贵州财经大学学报，2013（5）：7-14.

[120] 周广肃，王雅琦. 住房价格、房屋购买与中国家庭杠杆率 [J]. 金融研究，2019（6）：1-19.

[121] 周利，张浩，易行健. 住房价格上涨、家庭债务与城镇有房家庭消费 [J]. 中南财经政法大学学报，2020（1）：68-76.

[122] 周涛. 基于多层线性模型的网上信任影响因素研究 [J]. 统计与信息论坛，2009，24（6）：89-92.

[123] 周晓蓉，代艳花，曾尹嬿，等. 资产财富效应实证研究新进展 [J]. 经济学动态，2014（10）：130 – 140.

[124] 周洋，任柯蓁，刘雪瑾. 家庭财富水平与金融排斥——基于 CFPS 数据的实证分析 [J]. 金融经济学研究，2018，33（2）：106 – 116.

[125] 朱大鹏，陈鑫. 房产价格、家庭财富再分配与货币政策有效性 基于动态随机 般均衡模型的分析 [J]. 南方金融，2017（5）：18 – 36.

[126] 朱建军，张蕾，安康. 金融素养对农地流转的影响及作用路径研究——基于 CHFS 数据 [J]. 南京农业大学学报（社会科学版），2020，20（2）：103 – 115.

[127] 朱平芳，邸俊鹏. 无条件分位数处理效应方法及其应用 [J]. 数量经济技术经济研究，2017，34（2）：139 – 155.

[128] 朱平芳，张征宇. 无条件分位数回归：文献综述与应用实例 [J]. 统计研究，2012，29（3）：88 – 96.

[129] 朱涛，卢建，朱甜，等. 中国中青年家庭资产选择：基于人力资本、房产和财富的实证研究 [J]. 经济问题探索，2012（12）：170 – 177.

[130] 朱新蓉，熊礼慧. 房价、财富与家庭创业抉择——基于城乡差异的分析视角 [J]. 广西大学学报（哲学社会科学版），2019，41（1）：65 – 72.

[131] 邹卫星，房林. 财富效用、生产外部性与经济增长——中国宏观经济典型特征研究 [J]. 南开经济研究，2008（3）：49 – 67.

[132] Akee R, Copeland W, Costello E J, et al. How does household income affect child personality traits and behaviors? [J]. American Economic Review, 2018, 108 (3): 775 – 827.

[133] Amina Ahec Šonje, Anita Čeh Časni, Maruška Vizek. The effect of housing and stock market wealth on consumption in emerging and developed countries [J]. Economic Systems, 2014, 38 (3): 433 – 450.

［134］Andriansyah A, George M. Stock prices, exchange rates and portfolio equity flows ［J］. Journal of Economic Studies, 2019, 46 （2）: 399 – 421.

［135］Antonio Afonso, Ricardo M Sousa. Consumption, wealth, stock and government bond returns: International evidence ［J］. The Manchester School, 2011 （79）: 1294 – 1332.

［136］Attanasio O, Leicester A, Wakefield M. Do house prices drive consumption growth? The coincident cycles of house prices and consumption in the UK ［J］. Journal of the European Economic Association, 2011, 9 （3）: 399 – 435.

［137］Ballinger T P, Palumbo M G, Wilcox N T. Precautionary saving and social learning across generations: An experiment ［J］. The Economic Journal, 2003, 113 （490）: 920 – 947.

［138］Berrone P, Cruz C, Gomezmejia L R, et al. Socioemotional wealth in family firms theoretical dimensions, assessment approaches, and agenda for future research ［J］. Family Business Review, 2012, 25 （3）: 258 – 279.

［139］Blinder A. Wage discrimination: Reduced form and Structural estimates ［J］. Journal of Human Resources, 1973, 8 （4）: 436 – 455.

［140］Brindusa Anghel, Henrique Basso, Olympia Bover, et al. Income, consumption and wealth inequality in Spain ［J］. SERIEs, 2018, 9 （4）: 351 – 387.

［141］Caballero R J. Consumption puzzles and precautionary savings ［J］. Joural of Monetary Economics, 1990, 25 （1）: 113 – 136.

［142］Carroll C, Kimball M. On the concavity of the consumption function ［J］. Econometrica, 1996, 64 （4）: 981 – 992.

［143］Chandler D, Disney R. The housing market in the United Kingdom: Effects of house price volatility on households ［J］. Fiscal Studies, 2014, 35 （3）: 371 – 394.

［144］Chi Wei, Qian Xiaoye. Human capital investment in children: An empirical study of household child education expenditure in China, 2007 and 2011 [J]. China Economic Review, 2016 (37): 52 – 65.

[145] Choi S, Wilmarth M J. The moderating role of depressive symptoms between financial assets and bequests expectation [J]. Early Childhood Education Journal, 2019, 40 (3): 498 – 510.

[146] Christopher D C, Misuzu Otsuka, Jiri Slacalek. How large are housing and financial wealth effects? A new approach [J]. Journal of Money, Credit and Banking, 2011, 43 (1): 55 – 79.

[147] Dang H H, F Halsey Rogers. The decision to invest in child quality over quantity: Household size and household investment in education in Vietnam [J]. World Bank Economic Review, 2016, 30 (1): 104 – 142.

[148] Danoshana S, Ravivathani T. The impact of the corporate governance on firm performance: A study on financial institutions in Sri Lanka [J]. SAARJ Journal on Banking & Insurance Research, 2019, 8 (1): 62 – 67.

[149] Debasis Bandyopadhyay, Tang Xueli. Understanding the economic dynamics behind growth-inequality relationships [J]. Journal of Macroeconomics, 2010 (1): 14 – 32.

[150] Enrico Fabrizi, Maria Rosaria Ferrante, Carlo Trivisano. A functional approach to small area estimation of the relative median poverty gap [J]. Journal of the Royal Statistical Society: Series A (Statistics in Society), 2020, 183 (3): 1273 – 1291.

[151] Friedman M. A theory of the consumption [M]. Princeton University Press, 1957: 45 – 47.

[152] Gregory W. Fuller, Alison Johnston, Aidan Regan. Housing prices and wealth inequality in Western Europe [J]. West European Politics, 2020, 43 (2): 1 – 25.

[153] Gregory W B, Oleg R G, Steven N, et al. Do private equity funds

manipulate reported returns [J]. Journal of Financial Economics, 2019, 132 (2): 267 - 297.

[154] Guido W Imbens, Thomas Lemieux. Regression discontinuity designs: A guide to practice [J]. Journal of Econometrics, 2007, 142 (2): 615 - 635.

[155] Hassan Gholipour Fereidouni, Reza Tajaddini. Housing Wealth, Financial Wealth and Consumption Expenditure: The Role of Consumer Confidence [J]. The Journal of Real Estate Finance and Economics, 2017, 54 (2): 216 - 236.

[156] Hopcroft Rosemary L. Correction to: Sex differences in the association of family and personal income and wealth with fertility in the United States [J]. Human nature (Hawthorne, N. Y.), 2019, 30 (4): 477 - 495.

[157] Hubbard R, Judd K. Social security and individual welfare: Precautionary saving, borrowing constraints, and the payroll tax [J]. American Economic Review, 1987, 77 (4): 630 - 646.

[158] Janneke Toussaint, Marja Elsinga. Exploring "Housing Asset-based Welfare". Can the UK be held up as an example for Europe? [J]. Housing Studies, 2009, 24 (5).

[159] Jie Chen, William Hardin Ⅲ, Mingzhi Hu. Housing, Wealth, Income and Consumption: China and Homeownership Heterogeneity [J]. Real Estate Economics, 2020, 48 (2): 373 - 405.

[160] Johnson W R. House prices and female labor force participation [J]. Journal of Urban Economics, 2014 (82): 1 - 11.

[161] Joseph L Gastwirth. Is the Gini Index of Inequality Overly Sensitive to Changes in the Middle of the Income Distribution? [J]. Statistics and Public Policy, 2017, 4 (1): 1 - 11.

[162] Josh Kinsler, Ronni Pavan. Family income and higher education

choices: The importance of accounting for college quality [J]. Journal of Human Capital, 2011, 5 (4): 453 – 477.

[163] Justin McCrary. Manipulation of the running variable in the regression discontinuity design: A density test [J]. Journal of Econometrics, 2007, 142 (2): 698 – 714.

[164] Kanbur Ravi, Zhang Xiaobo. Which regional inequality? The evolution of rural-urban and inland-coastal inequality in China from 1983 to 1995 [J]. Journal of Comparative Economics, 1999, 27 (4): 686 – 701.

[165] Lee S David. Training, wages, and sample selection: Estimating sharp bounds on treatment effects [J]. The Review of Economic Studies, 2009, 76 (3): 1071 – 1102.

[166] Leland H E. Saving and uncertainty: The precautionary demand for saving [J]. Quarterly Journal of Economics, 1968, 82 (3): 465 – 473.

[167] Li J , Wu Y , Xiao J J. The impact of digital finance on household consumption: Evidence from China [J]. Economic Modelling, 2020 (86): 317 – 326.

[168] Li Wan. Evolution of wealth inequality in China [J]. China Economic Journal, 2015, 8 (3): 264 – 287.

[169] Liu H. Optimal consumption and investment with transaction costs and multiple risky assets [J]. The Journal of Finance, 2004, 59 (1): 289 – 338.

[170] Luca Agnello, Vítor Castro, Ricardo M Sousa. How does fiscal policy react to wealth composition and asset prices? [J]. Journal of Macroeconomics, 2012, 34 (3): 874 – 890.

[171] Lusardi A. On the importance of the precautionary saving motive [J]. American Economic Review, 1998, 88 (2): 449 – 453.

[172] Magill M J P, Constantinides G M. Porfolio selection with transactions costs [J]. Journal of Economic Theory, 1976, 13 (2): 245 – 263.

［173］Mao J C T. Models of capital budgeting, E-V versus E-S ［J］. Journal of Financial and Quantitative Analysis, 1970, 4 (5): 657 – 675.

［174］Maria Caporale, Mauro Costantini, Antonio Paradiso. Re-examining the decline in the US saving rate: The impact of mortgage equity withdrawal ［J］. Journal of International Financial Markets, Institutions & Money, 2013 (26): 215 – 225.

［175］Markowitz H. Portfolio selection ［J］. Journal of Finance, 1952 (4): 77 – 91.

［176］Martin Browning, Mette Gørtz, Søren Leth Petersen. Housing wealth and consumption: A micro panel study ［J］. The Economic Journal, 2013, 123 (568): 401 – 428.

［177］Martin Lettau, Sydney C Ludvigson. Understanding trend and cycle in asset values: Reevaluating the wealth effect on consumption ［J］. American Economic Review, 2004, 94 (1): 276 – 299.

［178］Michael P Keane. Financial aid, borrowing constraints, and college attendance: Evidence from structural estimates ［J］. American Economic Review, 2002, 92 (2): 293 – 297.

［179］Morton A J, Pliska S R. Optimal portfolio management with fixed transaction costs ［J］. Mathematical Finance, 1995, 5 (4): 337 – 356.

［180］Neumann J V, Morgenstern O. Theory of games and economic behavior ［M］. New Jersey: Princeton University Press, 1944: 26 – 28.

［181］Oaxaca R. Male-Female wage differentials in urban labor markets ［J］. International Economic Review, 1973, 14 (3): 693 – 709.

［182］Ondřej D, Jan C, Karel M, et al. Do firms supported by credit guarantee schemes report better financial results 2 years after the end of intervention ［J］. B E Journal of Economic Analysis & Policy, 2019, 19 (1): 1 – 20.

［183］Pal D, Mitra S K. Hedging bitcoin with other financial assets ［J］.

Finance Research Letters, 2019: 30 - 36.

[184] Pfeffer F T, Killewald A. Generations of advantage: Multigenerational correlations in family wealth [J]. Social Forces, 2018, 96 (4): 1411 - 1442.

[185] Piketty T, Zucman G. Capital is back: Wealth-income ratios in rich countries, 1700 - 2010 [J]. Quarterly Journal of Economics, 2014, 129 (3): 1255 - 1310.

[186] Ren Yu, Xie Tian. Consumption, aggregate wealth and expected stock returns: A fractional cointegration approach [J]. Quantitative Finance, 2018, 18 (12): 2101 - 2112.

[187] Ricardo Rodrigues, Stefania Ilinca, Andrea E S. Income-rich and wealth-poor? The impact of measures of socio-economic status in the analysis of the distribution of long-term care use among older people [J]. Health Economics, 2018, 27 (3): 637 - 646.

[188] Rosenbaum P R. Covariance adjustment in randomized experiments and observational studies [J]. Statistical Science, 2002, 17 (3): 286 - 304.

[189] Saez E, Zucman G. Wealth inequality in the United States since 1913: Evidence from capitalized income tax data [J]. Quarterly Journal of Economics, 2016, 131 (2): 519 - 578.

[190] Sandmo A. The effect of uncertainty on saving decisions [J]. Review of Economic Studies, 1970, 37 (3): 353 - 360.

[191] Simsek A. Speculation and risk sharing with new financial assets [J]. Quarterly Journal of Economics, 2013, 128 (3): 1365 - 1396.

[192] Su Z, Hsiao Y, Chen M Y, et al. Effcets of higher education on the unconditional distribution financial literacy [J]. Journal of Economics & Management, 2015, 11 (1): 1 - 22.

[193] Sun Shenglin. Does housing wealth affect family investment in human capital: Evidence from China [J]. International Journal of Social Science

and Education Research, 2019, 2 (8): 98 – 113.

[194] Thi-Hong-Phuong Vu, Chu-Shiu Li, Chwen-Chi Liu. Effects of the financial crisis on household financial risky assets holdings: Empirical evidence from Europe [J]. International Review of Economics & Finance, 2021 (71): 342 – 358.

[195] Tony Fahey, Michelle Norris. Housing in the welfare state: Rethinking the conceptual foundations of comparative housing policy analysis [J]. International Journal of Housing Policy, 2011, 11 (4): 439 – 452.

[196] William Boyce, Torbjorn Torsheim, Candace Currie, et al. The family affluence scale as a measure of national wealth: Validation of an adolescent self-report measure [J]. Social Indicators Research, 2006, 78 (3): 473 – 487.

[197] Xie Y, Lu P. The sampling design of the China Family Panel Studies (CFPS) [J]. Chinese Journal of Sociology, 2015, 1 (4): 471 – 484.

[198] Zhao Lingxiao, Gregory Burge. Housing wealth, property taxes, and labor supply among the elderly [J]. Gregory Burge, 2017, 35 (1): 227 – 263.

[199] Zuo Bing, Lai Zhaoqi. The effect of housing wealth on tourism consumption in China: Age and generation cohort comparisons [J]. Tourism Economics, 2020, 26 (2): 1 – 22.

附　录

附表 1　　2003～2021 年中国居民人均可支配收入

指标	2003年	2004年	2005年	2006年	2007年	2008年	2009年	2010年	2011年	2012年	2013年	2014年	2015年	2016年	2017年	2018年	2019年	2020年	2021年
居民人均可支配收入	5007	5661	6385	7229	8584	9957	10977	12520	14551	16510	18311	20167	21966	23821	25974	28228	30733	32189	35128
居民人均可支配工资性收入	3061	3452	3859	4426	5222	5841	6481	7320	8313	9379	10411	11421	12459	13455	14620	15829	17186	17917	19629
居民人均可支配经营净收入	1122	1277	1410	1511	1711	2082	2154	2402	2846	3172	3435	3732	3956	4218	4502	4852	5247	5307	5893
居民人均可支配财产净收入	119	151	193	260	402	484	589	778	1047	1231	1423	1588	1740	1889	2107	2379	2619	2791	3076
居民人均可支配转移净收入	705	781	923	1032	1248	1550	1754	2019	2344	2727	3042	3427	3812	4259	4744	5168	5680	6173	6531

资料来源：笔者整理获得，余同。

附表 2

2003~2021 年中国居民人均收入增长率

单位：%

指标	2003年	2004年	2005年	2006年	2007年	2008年	2009年	2010年	2011年	2012年	2013年	2014年	2015年	2016年	2017年	2018年	2019年	2020年	2021年
居民人均可支配收入比上年增长	9.2	8.8	10.8	11.5	13.3	9.5	11	10.4	10.3	10.6	8.1	8	7.4	6.3	7.3	6.5	5.8	2.1	8.1
居民人均可支配工资性收入比上年增长	13.5	12.8	11.8	14.7	18	11.8	11	12.9	13.6	12.8	11	9.7	9.1	8	8.7	8.3	8.6	4.3	9.6
居民人均可支配经营净收入比上年增长	5.2	13.8	10.4	7.2	13.2	21.7	3.5	11.5	18.5	11.5	8.3	8.7	6	6.6	6.7	7.8	8.1	1.1	11
居民人均可支配财产净收入比上年增长	41.5	27.2	27.7	34.7	54.8	20.5	21.6	32.2	34.5	17.5	15.6	11.6	9.6	8.6	11.6	12.9	10.1	6.6	10.2
居民人均可支配转移净收入比上年增长	3.2	10.8	18.1	11.8	21	24.2	13.2	15.1	16.1	16.3	11.5	12.6	11.2	11.7	11.4	8.9	9.9	8.7	5.8

注：人均可支配收入增长（%）和人均消费支出增长（%）为扣除价格因素的实际增长（%），其余增长（%）均为名义增长（%）。

附表 3

2003~2021 年中国城镇居民人均收入

单位：元

指标	2003年	2004年	2005年	2006年	2007年	2008年	2009年	2010年	2011年	2012年	2013年	2014年	2015年	2016年	2017年	2018年	2019年	2020年	2021年
城镇居民人均可支配收入	8406	9335	10382	11620	13603	15549	16901	18779	21427	24127	26467	28844	31195	33616	36396	39251	42359	43834	47412
城镇居民人均可支配工资性收入	6224	6900	7456	8305	9561	10438	11333	12372	13673	15247	16617	17937	19337	20665	22201	23792	25565	26381	28481

续表

指标	2003年	2004年	2005年	2006年	2007年	2008年	2009年	2010年	2011年	2012年	2013年	2014年	2015年	2016年	2017年	2018年	2019年	2020年	2021年
城镇居民人均可支配经营净收入	423	520	719	860	998	1547	1631	1826	2345	2715	2975	3279	3476	3770	4065	4443	4840	4711	5382
城镇居民人均可支配财产净收入	209	271	352	484	758	905	1088	1414	1903	2231	2552	2812	3042	3271	3607	4028	4391	4627	5052
城镇居民人均可支配转移净收入	1549	1644	1855	1971	2286	2660	2848	3167	3506	3934	4323	4816	5340	5910	6524	6988	7563	8116	8497

附表 4

2003～2021年中国城镇居民人均收入增长率

单位：%

指标	2003年	2004年	2005年	2006年	2007年	2008年	2009年	2010年	2011年	2012年	2013年	2014年	2015年	2016年	2017年	2018年	2019年	2020年	2021年
城镇居民人均可支配收入比上年增长	8.9	7.5	9.5	10.3	12	8.2	9.7	7.7	8.4	9.6	7	6.8	6.6	5.6	6.5	5.6	5	1.2	7.1
城镇居民人均可支配工资性收入比上年增长	11	10.8	8.1	11.4	15.1	9.2	8.6	9.2	10.5	11.5	9	7.9	7.8	6.9	7.4	7.2	7.5	3.2	8
城镇居民人均可支配经营净收入比上年增长	22.3	23.1	38.2	19.5	16.1	54.9	5.5	11.9	28.4	15.8	9.6	10.2	6	8.5	7.8	9.3	9	-2.7	14.2

续表

指标	2003年	2004年	2005年	2006年	2007年	2008年	2009年	2010年	2011年	2012年	2013年	2014年	2015年	2016年	2017年	2018年	2019年	2020年	2021年
城镇居民人均可支配财产净收入比上年增长	44.8	29.7	29.8	37.7	56.5	19.4	20.2	30	34.5	17.3	14.4	10.2	8.2	7.5	10.3	11.7	9	5.4	9.2
城镇居民人均可支配转移净收入比上年增长	-0.2	6.1	12.9	6.2	16	16.4	7.1	11.2	10.7	12.2	9.9	11.4	10.9	10.7	10.4	7.1	8.2	7.3	4.7

注：人均可支配收入增长（%）和人均消费支出增长（%）为扣除价格因素的实际增长（%），其余增长（%）均为名义增长（%）。

附表5   2013～2021年中国居民按收入五等份分组的收入

单位：元

指标	2013年	2014年	2015年	2016年	2017年	2018年	2019年	2020年	2021年
低收入组家庭居民人均可支配收入	4402	4747	5221	5529	5958	6440	7380	7869	8333
中间偏下收入组家庭居民人均可支配收入	9654	10887	11894	12899	13843	14361	15777	16443	18445
中间收入组家庭居民人均可支配收入	15698	17631	19320	20924	22495	23189	25035	26249	29053
中间偏上收入组家庭居民人均可支配收入	24361	26937	29438	31990	34547	36471	39230	41172	44949
高收入组家庭居民人均可支配收入	47457	50968	54544	59259	64934	70640	76401	80294	85836

注：全国居民五等份收入分组是指将所有调查户按人均收入水平从低到高顺序排列，平均分为五个等份，处于最低20%的收入家庭为低收入组，依此类推依次为中间偏下收入组、中间收入组、中间偏上收入组、高收入组。

2013～2021 年中国城镇居民按收入五等份分组的收入

附表 6

单位：元

指标	2013 年	2014 年	2015 年	2016 年	2017 年	2018 年	2019 年	2020 年	2021 年
低收入组家庭城镇居民人均可支配收入	9896	11219	12231	13004	13723	14387	15549	15598	16746
中间偏下收入组家庭城镇居民人均可支配收入	17628	19651	21446	23055	24550	24857	26784	27501	30133
中间收入组家庭城镇居民人均可支配收入	24173	26651	29105	31522	33781	35196	37876	39278	42498
中间偏上收入组家庭城镇居民人均可支配收入	32614	35631	38572	41806	45163	49174	52907	54910	59005
高收入组家庭城镇居民人均可支配收入	57762	61615	65082	70348	77097	84907	91683	96062	102596

2003～2021 年中国居民人均可支配收入基尼系数

附表 7

指标	2003 年	2004 年	2005 年	2006 年	2007 年	2008 年	2009 年	2010 年	2011 年	2012 年	2013 年	2014 年	2015 年	2016 年	2017 年	2018 年	2019 年	2020 年	2021 年
居民人均可支配收入基尼系数	0.479	0.473	0.485	0.487	0.484	0.491	0.49	0.481	0.477	0.474	0.473	0.469	0.462	0.465	0.467	0.468	0.465	0.468	0.466

附表8　　　　　　　　　　行业名称及代码

行业	代码
农、林、牧、渔业	H1
采矿业	H2
制造业	H3
电力、燃气及水的生产和供应业	H4
建筑业	H5
交通运输、仓储和邮政业	H6
信息传输、计算机服务和软件业	H7
批发和零售业	H8
住宿和餐饮业	H9
金融业	H10
房地产业	H11
租赁和商务服务业	H12
科学研究、技术服务和地质勘查业	H13
水利、环境和公共设施管理业	H14
居民服务和其他服务业	H15
教育	H16
卫生、社会保障和社会福利业	H17
文化、体育和娱乐业	H18
公共管理和社会组织	H19

附表9　按行业分城镇单位就业人员平均工资

单位：元

代码	2003年	2004年	2005年	2006年	2007年	2008年	2009年	2010年	2011年	2012年	2013年	2014年	2015年	2016年	2017年	2018年	2019年	2020年	2021年
H1	6884	7497	8207	9269	10847	12560	14356	16717	19469	22687	25820	28356	31947	33612	36504	36466	39340	48540	53819
H2	13627	16774	20449	24125	28185	34233	38038	44196	52230	56946	60138	61677	59404	60544	69500	81429	91068	96674	108467
H3	12671	14251	15934	18225	21144	24404	26810	30916	36665	41650	46431	51369	55324	59470	64452	72088	78147	82783	92459
H4	18574	21543	24750	28424	33470	38515	41869	47309	52723	58202	67085	73339	78886	83863	90348	100162	107733	116728	125332
H5	11328	12578	14112	16164	18482	21223	24161	27529	32103	36483	42072	45804	48886	52082	55568	60501	65580	69986	75762
H6	15753	18071	20911	24111	27903	32041	35315	40466	47078	53391	57993	63416	68822	73650	80225	88508	97050	100642	109851
H7	30897	33449	38799	43435	47700	54906	58154	64436	70918	80510	90915	100845	112042	122478	133150	147678	161352	177544	201506
H8	10894	13012	15256	17796	21074	25818	29139	33635	40654	46340	50308	55838	60328	65061	71201	80551	89047	96521	107735
H9	11198	12618	13876	15236	17046	19321	20860	23382	27486	31267	34044	37264	40806	43382	45751	48260	50346	48833	53631
H10	20780	24299	29229	35495	44011	53897	60398	70146	81109	89743	99653	108273	114777	117418	122857	129837	131405	133390	150843
H11	17085	18467	20253	22238	26085	30118	32242	35870	42837	46764	51048	55568	60244	65497	69277	75281	80157	83807	91143
H12	17020	18723	21233	24510	27807	32915	35494	39566	46976	53162	62538	67131	72489	76782	81393	85147	88190	92924	102537
H13	20442	23351	27155	31644	38432	45512	50143	56376	64252	69254	76602	82259	89410	96638	107815	123343	133459	139851	151776
H14	11774	12884	14322	15630	18383	21103	23159	25544	28868	32343	36123	39198	43528	47750	52229	56670	61158	63914	65802
H15	12665	13680	15747	18030	20370	22858	25172	28206	33169	35135	38429	41882	44802	47577	50552	55343	60232	60722	65193
H16	14189	16085	18259	20918	25908	29831	34543	38968	43194	47734	51950	56580	66592	74498	83412	92383	97681	106474	111392
H17	16185	18386	20808	23590	27892	32185	35662	40232	46206	52564	57979	63267	71624	80026	89648	98118	108903	115449	126828
H18	17098	20522	22670	25847	30430	34158	37755	41428	47878	53558	59336	64375	72764	79875	87803	98621	107708	112081	117329
H19	15355	17372	20234	22546	27731	32296	35326	38242	42062	46074	49259	53110	62323	70959	80372	87932	94369	104487	111361

附表 10

2003～2021 年全国人口年龄结构

单位：万人

指标	2003年	2004年	2005年	2006年	2007年	2008年	2009年	2010年	2011年	2012年	2013年	2014年	2015年	2016年	2017年	2018年	2019年	2020年	2021年
年末总人口数	129227	129988	130756	131448	132129	132802	133450	134091	134916	135922	136726	137646	138326	139232	140011	140541	141008	141212	141260
0～14岁人口数	28559	27947	26504	25961	25660	25166	24659	22259	22261	22427	22423	22712	22824	23252	23522	23751	23689	25277	24678
15～64岁人口数	90976	92184	94197	95068	95833	96680	97484	99938	100378	100718	101041	101032	100978	100943	100528	100065	99552	96871	96526
65岁及以上人口数	9692	9857	10055	10419	10636	10956	11307	11894	12277	12777	13262	13902	14524	15037	15961	16724	17767	19064	20056

注：（1）1981年及以前人口数据为户籍统计数，1982年、1990年、2000年、2010年、2020年数据为当年人口普查数据推算数，其余年份数据为年度人口抽样调查推算数据，2011～2019年数据根据2020年人口普查数据修订。

（2）总人口和按性别分人口中包括现役军人，按城乡分人口中现役军人计入城镇人口。

附表 11

2003～2021 年中国各地区人均国内生产总值

单位：万元

地区	2003年	2004年	2005年	2006年	2007年	2008年	2009年	2010年	2011年	2012年	2013年	2014年	2015年	2016年	2017年	2018年	2019年	2020年	2021年
北京	2.52	2.87	4.48	4.92	5.88	6.28	6.53	7.19	8.05	8.64	9.36	9.91	10.60	11.81	12.90	14.08	16.42	16.49	18.40
天津	2.42	2.86	3.55	4.06	4.71	5.71	6.13	7.10	8.34	9.13	9.81	10.37	10.69	11.45	11.91	12.06	9.03	10.15	11.43
河北	1.05	1.29	1.48	1.69	1.96	2.29	2.45	2.83	3.39	3.65	3.88	3.98	4.01	4.29	4.52	4.77	4.62	4.85	5.42
山西	0.74	0.91	1.25	1.41	1.78	2.14	2.15	2.57	3.13	3.35	3.49	3.50	3.48	3.54	4.19	4.52	4.57	5.06	6.49

续表

地区	2003年	2004年	2005年	2006年	2007年	2008年	2009年	2010年	2011年	2012年	2013年	2014年	2015年	2016年	2017年	2018年	2019年	2020年	2021年
内蒙古	0.90	1.14	1.63	1.98	2.64	3.47	3.96	4.72	5.79	6.38	6.77	7.09	7.10	7.19	6.36	6.82	6.78	7.22	8.55
辽宁	1.43	1.63	1.90	2.19	2.60	3.17	3.50	4.22	5.07	5.66	6.20	6.52	6.54	5.08	5.36	5.81	5.72	5.90	6.52
吉林	0.93	1.09	1.33	1.57	1.94	2.35	2.66	3.16	3.84	4.34	4.74	5.02	5.11	5.41	5.50	5.57	4.36	5.13	5.57
黑龙江	1.16	1.39	1.44	1.62	1.86	2.17	2.24	2.71	3.28	3.57	3.77	3.92	3.96	4.05	4.20	4.32	3.63	4.32	4.76
上海	3.65	4.28	5.15	5.28	6.05	6.57	6.81	7.45	8.18	8.48	9.03	9.71	10.40	11.64	12.67	13.48	15.71	15.55	17.36
江苏	1.68	2.07	2.45	2.83	3.37	3.99	4.41	5.26	6.22	6.83	7.53	8.18	8.79	9.67	10.69	11.50	12.35	12.12	13.68
浙江	2.01	2.38	2.75	3.10	3.64	4.12	4.36	5.09	5.92	6.33	6.87	7.29	7.74	8.45	9.15	9.80	10.66	9.99	11.24
安徽	0.62	0.74	0.88	1.01	1.20	1.44	1.64	2.07	2.56	2.87	3.19	3.43	3.58	3.96	4.32	4.74	5.83	6.34	7.03
福建	1.50	1.72	1.86	2.12	2.56	2.97	3.34	3.99	4.72	5.26	5.79	6.32	6.77	7.44	8.23	9.09	10.67	10.55	11.66
江西	0.67	0.82	0.94	1.08	1.33	1.58	1.73	2.12	2.61	2.87	3.19	3.46	3.66	4.03	4.33	4.73	5.31	5.69	6.56
山东	1.36	1.69	2.00	2.37	2.75	3.28	3.58	4.09	4.71	5.16	5.67	6.07	6.40	6.84	7.26	7.61	7.06	7.19	8.17
河南	0.73	0.91	1.14	1.33	1.60	1.91	2.05	2.46	2.87	3.15	3.42	3.70	3.90	4.25	4.66	5.00	5.66	5.53	5.96
湖北	0.90	1.05	1.14	1.33	1.64	1.98	2.27	2.79	3.41	3.85	4.28	4.71	5.05	5.55	6.01	6.65	7.73	7.56	8.58
湖南	0.70	0.84	1.03	1.19	1.49	1.81	2.04	2.44	2.98	3.34	3.68	4.01	4.26	4.62	4.94	5.28	5.75	6.29	6.96
广东	1.71	1.93	2.44	2.78	3.29	3.72	3.90	4.41	5.07	5.39	5.87	6.32	6.71	7.35	8.03	8.57	9.35	8.77	9.81
广西	0.56	0.68	0.88	1.02	1.22	1.46	1.60	2.08	2.52	2.78	3.06	3.30	3.50	3.79	3.79	4.13	4.28	4.41	4.91
海南	0.83	0.94	1.08	1.26	1.48	1.76	1.91	2.38	2.88	3.22	3.55	3.88	4.06	4.42	4.82	5.17	5.62	5.47	6.35
重庆	0.72	0.85	1.10	1.24	1.66	2.04	2.28	2.75	3.43	3.87	4.30	4.77	5.21	5.82	6.32	6.56	7.56	7.79	8.68

续表

地区	2003年	2004年	2005年	2006年	2007年	2008年	2009年	2010年	2011年	2012年	2013年	2014年	2015年	2016年	2017年	2018年	2019年	2020年	2021年
四川	0.63	0.75	0.90	1.06	1.30	1.55	1.73	2.14	2.61	2.96	3.26	3.52	3.66	3.99	4.45	4.88	5.57	5.81	6.43
贵州	0.35	0.41	0.53	0.62	0.79	0.99	1.11	1.32	1.65	1.97	2.31	2.64	2.98	3.31	3.78	4.11	4.63	4.62	5.08
云南	0.56	0.67	0.78	0.89	1.06	1.25	1.35	1.57	1.92	2.21	2.52	2.72	2.87	3.10	3.41	3.70	4.78	5.19	5.79
西藏	0.68	0.77	0.91	1.02	1.18	1.35	1.49	1.69	2.00	2.28	2.61	2.90	3.17	3.48	3.89	4.30	4.84	5.20	5.68
陕西	0.65	0.78	0.99	1.22	1.55	1.97	2.19	2.71	3.34	3.85	4.31	4.69	4.75	5.09	5.71	6.32	6.65	6.62	7.54
甘肃	0.50	0.60	0.75	0.89	1.06	1.24	1.33	1.61	1.96	2.19	2.45	2.64	2.61	2.76	2.84	3.13	3.29	3.61	4.11
青海	0.73	0.86	1.00	1.17	1.44	1.84	1.94	2.40	2.94	3.30	3.67	3.95	4.11	4.34	4.39	4.75	4.88	5.07	5.63
宁夏	0.66	0.78	1.02	1.18	1.51	1.95	2.17	2.67	3.29	3.62	3.94	4.16	4.36	4.69	5.05	5.39	5.39	5.44	6.24
新疆	0.97	1.12	1.30	1.49	1.68	1.96	1.98	2.49	2.99	3.36	3.73	4.02	3.95	4.02	4.45	4.91	5.39	5.33	6.17

附表 12　2015～2021 年中国各地区人均铁路里程人均公路里程、人均税收收入及人均财政支出

项目	2015 年				2017 年				2019 年				2021 年			
	人均铁路里程（米）	人均公路里程（米）	人均税收收入（万元）	人均财政支出（万元）	人均铁路里程（米）	人均公路里程（米）	人均税收收入（万元）	人均财政支出（万元）	人均铁路里程（米）	人均公路里程（米）	人均税收收入（万元）	人均财政支出（万元）	人均铁路里程（米）	人均公路里程（米）	人均税收收入（万元）	人均财政支出（万元）
北京	0.06	1.01	1.96	2.64	0.06	1.02	2.15	3.14	0.06	1.04	2.24	3.44	0.07	1.02	2.36	3.29
天津	0.07	1.07	1.02	2.09	0.05	0.76	1.04	2.11	0.06	0.75	1.05	2.28	0.09	0.70	1.18	2.30

续表

项目	2015 年				2017 年				2019 年				2021 年			
	人均铁路里程（米）	人均公路里程（米）	人均税收收入（万元）	人均财政支出（万元）	人均铁路里程（米）	人均公路里程（米）	人均税收收入（万元）	人均财政支出（万元）	人均铁路里程（米）	人均公路里程（米）	人均税收收入（万元）	人均财政支出（万元）	人均铁路里程（米）	人均公路里程（米）	人均税收收入（万元）	人均财政支出（万元）
河北	0.09	2.49	0.26	0.76	0.33	8.83	0.29	0.88	0.36	9.14	0.35	1.09	0.11	9.46	0.37	1.19
山西	0.14	3.85	0.29	0.93	0.24	6.58	0.38	1.01	0.27	6.70	0.48	1.26	0.18	6.61	0.60	1.45
内蒙古	0.48	6.98	0.53	1.69	0.58	9.19	0.51	1.79	0.60	9.57	0.61	2.01	0.59	9.71	0.70	2.18
辽宁	0.13	2.75	0.38	1.02	0.27	5.65	0.41	1.12	0.30	5.79	0.44	1.32	0.16	6.01	0.47	1.39
吉林	0.22	3.54	0.31	1.17	0.23	4.79	0.31	1.37	0.23	4.95	0.30	1.46	0.22	4.97	0.34	1.56
黑龙江	0.16	4.28	0.23	1.05	0.29	7.65	0.24	1.22	0.31	7.83	0.25	1.34	0.23	7.69	0.28	1.63
上海	0.02	0.55	2.01	2.56	0.02	0.61	2.43	3.12	0.02	0.61	2.56	3.37	0.02	0.60	2.65	3.39
江苏	0.03	1.99	0.83	1.21	0.13	7.30	0.81	1.32	0.17	7.43	0.91	1.56	0.05	7.22	0.96	1.71
浙江	0.05	2.13	0.75	1.20	0.12	5.53	0.87	1.33	0.13	5.66	1.01	1.72	0.05	5.66	1.10	1.68
安徽	0.07	3.04	0.29	0.85	0.20	9.36	0.32	0.99	0.22	10.13	0.35	1.16	0.09	10.85	0.39	1.24
福建	0.08	2.72	0.51	1.04	0.15	4.98	0.52	1.20	0.16	5.10	0.56	1.28	0.10	5.07	0.60	1.24
江西	0.09	3.43	0.33	0.97	0.20	7.48	0.33	1.11	0.23	9.71	0.37	1.37	0.12	9.64	0.43	1.50
山东	0.06	2.68	0.43	0.84	0.26	12.46	0.44	0.93	0.31	13.01	0.48	1.07	0.07	13.16	0.54	1.15
河南	0.06	2.64	0.22	0.72	0.25	12.34	0.24	0.86	0.30	12.53	0.29	1.05	0.07	12.41	0.29	0.99
湖北	0.07	4.32	0.36	1.05	0.19	12.41	0.38	1.15	0.24	13.42	0.43	1.34	0.09	13.56	0.44	1.36

续表

项目	2015年				2017年				2019年				2021年			
	人均铁路里程（米）	人均公路里程（米）	人均税收收入（万元）	人均财政支出（万元）	人均铁路里程（米）	人均公路里程（米）	人均税收收入（万元）	人均财政支出（万元）	人均铁路里程（米）	人均公路里程（米）	人均税收收入（万元）	人均财政支出（万元）	人均铁路里程（米）	人均公路里程（米）	人均税收收入（万元）	人均财政支出（万元）
湖南	0.07	3.49	0.23	0.84	0.22	11.04	0.26	1.00	0.26	11.17	0.30	1.16	0.09	11.05	0.34	1.26
广东	0.04	1.99	0.68	1.18	0.19	10.11	0.79	1.35	0.22	10.23	0.87	1.50	0.04	10.19	0.85	1.44
广西	0.11	2.46	0.22	0.85	0.24	5.68	0.22	1.00	0.24	5.93	0.23	1.18	0.10	7.34	0.24	1.15
海南	0.11	2.95	0.56	1.36	0.05	1.41	0.59	1.56	0.05	1.77	0.69	1.97	0.10	1.88	0.73	1.93
重庆	0.06	4.66	0.48	1.26	0.10	6.81	0.48	1.41	0.11	8.09	0.49	1.55	0.07	8.41	0.48	1.51
四川	0.05	3.85	0.29	0.91	0.22	15.20	0.29	1.05	0.24	15.65	0.34	1.24	0.07	18.22	0.40	1.34
贵州	0.08	5.28	0.32	1.12	0.15	8.95	0.33	1.29	0.17	9.50	0.33	1.64	0.10	9.47	0.31	1.45
云南	0.06	4.98	0.26	0.99	0.17	11.17	0.26	1.19	0.19	12.18	0.30	1.39	0.10	13.75	0.32	1.41
西藏	0.24	24.18	0.28	4.26	0.04	4.12	0.36	4.99	0.04	4.83	0.45	6.23	0.32	5.49	0.39	5.54
陕西	0.12	4.48	0.34	1.15	0.23	8.03	0.39	1.26	0.25	8.36	0.48	1.48	0.14	8.38	0.57	1.53
甘肃	0.15	5.39	0.20	1.14	0.21	6.55	0.21	1.26	0.22	7.03	0.22	1.49	0.21	7.15	0.27	1.62
青海	0.40	12.86	0.35	2.58	0.11	3.73	0.31	2.56	0.11	3.89	0.33	3.07	0.50	3.94	0.40	3.12
宁夏	0.19	4.98	0.38	1.70	0.06	1.59	0.40	2.01	0.07	1.70	0.38	2.07	0.23	1.72	0.41	1.97
新疆	0.25	7.55	0.37	1.61	0.27	8.54	0.39	1.90	0.32	9.02	0.40	2.11	0.30	9.93	0.42	2.08

注：人均铁路里程＝铁路总里程/总人口，人均公路里程＝公路总里程/总人口，人均税收收入＝税收总收入/总人口，人均财政支出＝财政总支出/总人口。

图书在版编目（CIP）数据

投资偏好、区域发展与家庭财富差距：基于城镇家庭数据的
实证分析/宋宝琳著. —北京：经济科学出版社，2023.6
ISBN 978 - 7 - 5218 - 4870 - 0

Ⅰ.①投…　Ⅱ.①宋…　Ⅲ.①城镇 - 家庭财产 - 金融
资产 - 配置 - 研究 - 中国②居民收入 - 研究 - 中国　Ⅳ.
①TS976.15②F126.2

中国国家版本馆 CIP 数据核字（2023）第 114826 号

责任编辑：宋艳波
责任校对：易　超
责任印制：邱　天

投资偏好、区域发展与家庭财富差距
——基于城镇家庭数据的实证分析
TOUZI PIANHAO，QUYU FAZHAN YU JIATING CAIFU CHAJU
——JIYU CHENGZHEN JIATING SHUJU DE SHIZHENG FENXI

宋宝琳　著

经济科学出版社出版、发行　新华书店经销
社址：北京市海淀区阜成路甲 28 号　邮编：100142
总编部电话：010 - 88191217　发行部电话：010 - 88191522
网址：www. esp. com. cn
电子邮箱：esp@ esp. com. cn
天猫网店：经济科学出版社旗舰店
网址：http：//jjkxcbs. tmall. com
固安华明印业有限公司印装
710 × 1000　16 开　13 印张　200000 字
2023 年 6 月第 1 版　2023 年 6 月第 1 次印刷
ISBN 978 - 7 - 5218 - 4870 - 0　定价：78.00 元
（图书出现印装问题，本社负责调换。电话：010 - 88191545）
（版权所有　侵权必究　打击盗版　举报热线：010 - 88191661
QQ：2242791300　营销中心电话：010 - 88191537
电子邮箱：dbts@ esp. com. cn）